普通高等教育土建学科专业『十二五』规划教材
全国高职高专教育土建类专业教学指导委员会规划推荐教材

城镇详细规划

（城镇规划专业适用）

本教材编审委员会组织编写

薛　雷　主　编

张荣辰　曹新红　董耀军　副主编

丁夏君　主　审

中国建筑工业出版社

图书在版编目（CIP）数据

城镇详细规划／薛雷主编．—北京：中国建筑工业出版社，2015.10（2024.11重印）
普通高等教育土建学科专业"十二五"规划教材　全国高职高专教育土建类
专业教学指导委员会规划推荐教材（城镇规划专业适用）
ISBN 978-7-112-18538-2

Ⅰ．①城…　Ⅱ．①薛…　Ⅲ．①城镇－城市规划－高等职业教育－教
材　Ⅳ．① TU984

中国版本图书馆CIP数据核字（2015）第236560号

　　本书主要是针对高职高专城镇规划专业项目教学需求，编写理念体现基于工作过程系统化的课程开发、基于"行为导向课程"的教学法，以最新的规划标准为依据，以控制性详细规划项目与修规项目编制过程为主线，使读者掌握规划项目编制技术技能与方法。

　　本书包含两个模块，模块1控制性详细规划（主要讲解项目的编制过程），模块2修建性详细规划（最为典型居住区项目的编制技术路线）。每个模块内的教学任务中均包含有部分规划项目实例。本书附有课件，课件内含控规与修规项目各一个，供读者参考。

　　本书既可作为高职高专城镇规划专业核心课程教材，也可供相关专业设计和从业人员参考。

　　责任编辑：杨　虹　朱首明　吴越恺
　　责任校对：张　颖　关　健

普通高等教育土建学科专业"十二五"规划教材
全国高职高专教育土建类专业教学指导委员会规划推荐教材
城镇详细规划
（城镇规划专业适用）
本教材编审委员会组织编写

薛　雷　主　编

张荣辰　曹新红　董耀军　副主编

丁夏君　主　审

*

中国建筑工业出版社出版、发行（北京西郊百万庄）
各地新华书店、建筑书店经销
北京嘉泰利德公司制版
建工社（河北）印刷有限公司印刷

*

开本：787×1092毫米　1/16　印张：12¼　字数：300千字
2016年1月第一版　2024年11月第二次印刷
定价：29.00元
ISBN 978-7-112-18538-2
（27774）

编审委员会名单

主　任：丁夏君

副主任：周兴元　裴　杭

委　员（按姓氏笔画为序）：

甘翔云　刘小庆　刘学军　李伟国　李春宝

肖利才　邱海玲　何向玲　张　华　陈　芳

赵建民　高　卿　崔丽萍　解万玉

前　言

　　城镇详细规划是城镇规划与相关专业的一门核心课程。城镇详细规划方面的书籍较多，大多为本科层次，适合高职学生就业岗位且符合高职教学要求的甚少。本书主要是针对城镇规划专业高职项目教学需求，编写理念体现基于工作过程系统化的课程开发、基于"行为导向课程"的教学法，以最新的规划标准为依据，以控制性详细规划项目与修规项目编制过程为主线，使读者掌握规划项目编制技术技能与方法。

　　本书的模块1为控制性详细规划项目的编制过程：教学单元1主要让读者对控制性详细规划的编制程序、编制内容以及编制成果等有清晰的认识；教学单元2控制性详细规划中的用地布局规划，与总体规划进行了衔接，包括用地规划结构与布局、公共服务设施规划、道路与交通设施规划、绿地系统规划、市政公用设施规划；教学单元3是土地使用与建筑规划控制，这是控规的核心，包括用地划分与编码规划、各类用地的控制要求、建筑建造的控制要求、道路交通的控制要求、配套设施的控制要求、其他通用性规定、地块控制图则；其中教学单元2和教学单元3中融入了某镇镇区控规项目的主要内容。模块2为修建性详细规划中最为典型居住区项目的编制技术路线：第1单元为修规的编制内容、成果要求、编制程序等的介绍；第2单元为居住区项目的编制技术路线，首先介绍居住区规模、结构与布局形态等，然后讲述居住区用地构成及规划（住宅用地规划设计、公共服务设施用地规划设计、道路系统及停车设施规划设计、绿地系统规划设计）、市政公用设施配套规划（市政公用工程规划、工程管线综合规划）以及竖向规划设计的主要编制技术要求，最后为用地平衡与主要技术经济指标的计算过程。本书附有课件，课件内含控规与修规项目各一个，供读者参考。

　　本书由薛雷主编，张荣辰、曹新红、董耀军副主编，各章的编者为：模块1中的教学单元1由山东城市建设职业学院薛雷编写，教学单元2、教学单元3由山东城市建设职业学院曹新红、薛雷、张荣辰和广东城乡规划设计研究院李宏志编写；模块2中的教学单元4由山东城市建设职业学院薛雷和济南市规划局杨继霞编写，教学单元5由山东城市建设职业学院张荣辰、日照职业技术学院谭婧婧和中国建筑西北设计研究院有限公司董耀军、席秋红编写。

　　由于编者实践应用与知识水平所限，本书难免有不当之处，望使用本书者提出宝贵意见和建议，以便进一步修改和完善。

编者

目　录

1

模块 1　控制性详细规划

　　本模块以控制性详细规划案例为主线进行项目教学与设计，分为控制性详细规划基本内涵、用地布局规划及土地使用与建筑规划控制三部分并在电子课件中附有一个控规项目。教学单元 1：主要让读者对控制性详细规划的编制程序、编制内容以及编制成果等有个清晰的认识；教学单元 2：对控制性详细规划中的用地布局规划进行详细讲解，包括用地规划结构与布局、公共服务设施规划、道路与交通设施规划、绿地系统规划、市政公用设施规划；教学单元 3：是对土地使用与建筑规划控制进行详细讲解，包括用地划分与编码规划、各类用地的控制要求、建筑建造的控制要求、道路交通的控制要求、配套设施的控制要求、其他通用性规定、地块控制图则等。

※ 模块教学重点：

　　教学单元 3 土地使用与建筑规划控制。

1.1 控制性详细规划基本内涵

2006 年 4 月 1 日起施行的《城市规划编制办法》将城市详细规划分为控制性详细规划（简称控规）和修建性详细规划（简称详规）。控制性详细规划以总体规划或分区规划为依据，以土地使用控制为重点，详细规定建设用地的性质、使用强度和空间环境，强调规划设计与管理、开发相衔接，是规划管理的依据，并指导修建性详细规划的编制。

1.1.1 控制性详细规划的特征

1. 控制引导性与弹性

控制性详细规划的控制引导性主要表现在对城市建设项目具体的定性、定量、定位、定界的控制和引导。这既是控制性详细规划编制的核心问题，也是控制性详细规划不同于其他规划编制层次的首要特征。控制性详细规划通过技术指标来规定土地的使用性质《城市用地分类与规划建设用地标准》GB 50137—2011 和使用强度，其以土地使用控制为主要内容，以综合环境质量控制为要点，通过土地使用性质、土地使用强度控制、主要公共设施与配套设施控制、道路交通控制等，控制土地建设的意向框架，来实行对土地开发的引导。

控制性详细规划在确定了必须遵循的控制指标外，还留有一定的"弹性"，如某些指标可在一定范围内浮动，同时一些涉及人口、建筑形式、风貌及景观特色等指标可根据实际情况参照执行，以更好地适应城市发展变化的要求。

2. 法律效应

法律效应是控制性详细规划的基本特征。控制性详细规划是城市总体规划法律效应的延伸和体现，是总体规划宏观法律效应向微观法律效应的拓展。

3. 图则标定

控制性详细规划是以文本和图则为主体的规划语言范式。图则标定是控制性详细规划在成果表达方式上区别于其他规划编制层次的重要特征，是控制性详细规划法律效应图解化的表现，它用一系列控制线和控制点对用地和设施进行定位控制，如地块边界、道路红线、建筑后退线及绿化控制线及控制点等。控制性详细规划图则在经法定的审批程序后上升为具有法律效力的地方性法规，具有行政法规的效能。

1.1.2 控制性详细规划的作用

控制性详细规划是连接城市总体规划与修建性详细规划、规划设计与管理实施之间的重要环节，为城市建设提供直接依据，是实现政府规划意图、保证公共利益、保护个体权利的法定要求，涉及经济、社会和生态等维度的协调、平衡和统一。具体来说，控制性详细规划的作用有以下三个方面。

1. 连接总体规划与修建性详细规划，是承上启下的关键编制层次

控制性详细规划是总体规划和修建性详细规划之间有效的过渡与衔接，起到深化前者和控制后者的作用，将总体规划与修建性详细规划连为有机整体，确保规划体系的完善和连续。

2. 规划管理的依据，城市开发建设的指导

城市规划编制与规划实施相结合能促进城市的良性发展。控制性详细规划的层次、深度适宜，采用规划管理语言表述规划的原则和目标，避免了主观性和盲目性，因此它是规划管理的科学依据和城市建设的有效指导。同时，控制性详细规划自身的法律效力及相应的规划法规，也使规划管理的权威性得到了充分的保证。

3. 城市政策的载体

作为城市政策的载体，控制性详细规划通过传达城市政策方面的信息，在引导城市社会、经济、环境协调发展等方面具有综合能力。市场运作过程中各类投资主体可以通过规划所提供的政策和相关信息来消除对未来的不确定性，从而促进资源的有效配置和合理利用。

1.2 控制性详细规划编制程序

1.2.1 任务书的编制

1. 任务书的提出

根据城市建设发展和城市规划实施管理的需要，为进一步贯彻城市总体规划和分区规划的要求，需编制控制性详细规划。在程序上，首先必须由控制性详细规划组织编制主体（包括城市人民政府城乡规划主管部门、县人民政府城乡规划主管部门及镇人民政府）制定控制性详细规划编制任务书。

2. 任务书的编制

目前，在控制性详细规划的编制程序之中，城市人民政府或经授权的城乡规划主管部门作为控制性详细规划编制组织主体,选择确定规划编制的主体，如规划设计单位、研究机构等。任务书的内容一般包括以下部分：

（1）受托编制方的技术力量要求，资格审查要求；

（2）规划项目相关背景情况，项目的规划依据、规划意图要求、规划时限要求；

（3）评审方式及参与规划设计项目单位所获设计费用等事项。

任务书制定时通常是由城市人民政府的规划行政主管部门负责组织技术力量，通过起草、审核、审批等程序，制定规划项目任务书。

1.2.2 控制性详细规划成果的编制过程

控制性详细规划的编制通常划分为现状分析研究、规划研究、控制研究和成果编制四个阶段，可以概括为以下四个工作步骤。

1. 现状调研与前期研究

现状调研与前期研究包括上一层次规划即城市（镇）总体规划或分区规划对控制性详细规划的要求，其他非法定规划提出的相关要求等。还应该包括各类专项研究如城市设计研究、土地经济研究、交通影响研究、市政设施、公共服务设施、文物古迹保护、生态环境保护等，研究成果应该作为编制控制性详细规划的依据。在《城市规划编制办法》中规定，控制性详细规划成果应包括基础资料和研究报告等内容，其目的是为了在规划实施管理及以后的规划调整时，能对当时规划编制的背景资料有深入的了解，并作为规划弹性控制和规划调整动态管理的依据。

（1）基础资料搜集的基本内容

1）已经批准的城市（镇）总体规划、分区规划的技术文件及相关规划成果；

2）地方法规、规划范围内已经编制完成的各类详细规划及专项规划的技术文件；

3）准确反映近期现状的地形图（1：1000~1：2000）；

4）规划范围现状人口详细资料，包括人口密度、人口分布、人口构成等；土地使用现状资料（1：1000~1：2000），规划范围及周边用地情况，土地产权与地籍资料，包括城市中划拨用地、已批在建用地等资料，现有重要公共设施、城市基础设施、重要企事业单位、历史保护、风景名胜等资料；

5）道路交通（道路定线、交通设施、交通流量调查、公共交通、步行交通等）现状资料及相关规划资料；

6）市政工程管线（市政源点、现状管网、路由等）现状资料及相关规划资料；公共安全及地下空间利用现状资料；

7）建筑现状（各类建筑类型与分布、建筑面积、密度、质量、层数、性质、体量以及建筑特色等）资料；

8）土地经济（土地级差、地价等级、开发方式、房地产指数）等现状资料；

9）其他相关（城市环境、自然条件、历史人文、地质灾害等）现状资料。

（2）分析研究的基本要求与内容

在详尽的现状调研基础上，梳理地区现状特征和规划建设情况，发现存在的问题并分析其成因，提出解决问题的思路和相关规划建议。从内因、外因两方面分析地区发展的优势条件与制约因素，分析可能存在的挑战与机遇。对现有重要城市公共设施、基础设施、重要企事业单位等用地进行分析论证，提出可能的规划调整动因、机会和方式。

基本分析内容应包括：区位分析、人口分布与密度分析、用地现状分析、建筑现状分析、交通条件与影响分析、城市设计系统分析、现状场地要素分析、土地经济分析等，根据规划地区的建设特点可适当增减分析内容，并根据地方实际需求，在必要的条件下针对重点内容进行专题研究。

2. 规划方案与用地划分

通过深化研究和综合分析，对编制范围的功能布局、规划结构、公共设施、道路交通、历史文化环境、建筑空间体型环境、绿地景观系统、城市设计以及市政工程等方面，依据规划原理和相关专业设计要求做出统筹安排，形成规划方案。将城市（镇）总体规划或分区规划思路具体落实，并在不破坏总体系统的情况下做出适当的调整，成为控制性详细规划的总体性控制内容和控制要求。

在规划方案的基础上进行用地细分，一般细分到地块，成为控制性详细规划实施具体控制的基本单位。地块划分考虑用地现状、产权划分和土地使用调整意向、专业规划要求如城市"五线"（红线、绿线、紫线、蓝线、黄线）、开发模式、土地价值区位级差、自然或人为边界、行政管辖界限等因素，根据用地功能性质不同、用地产权或使用权边界的区别等进行划分。经过划分后的地块是制定控制性详细规划技术文件的载体。

用地细分应根据地块区位条件，综合考虑地方实际开发运作方式，对不同性质与权属的用地提出细分标准，原则上细分后的用地应作为城市开发建设的基本控制地块，不允许无限细分。

用地细分应适应市场经济的需要，适应单元开发和成片建设等形式，可进行弹性合并。用地细分应与规划控制指标刚性连接，具有相当的针对性，同时提出控制指标做相应调整的要求，以适应地块合并或改变时的弹性管理需要。

3. 指标体系与指标确定

依据规划编制办法，选取符合规划要求和规划意图的若干规划控制指标组成综合指标体系，并根据研究分析分别赋值。综合控制指标体系是控制性详细规划编制的核心内容之一。综合控制指标体系中必须包括编制办法中规定的强制性内容。

指标确定一般采用四种方法：测算法——由研究计算得出；标准法——根据规范和经验确定；类比法——借鉴同类型城市和地段的相关案例比较总结；反算法——通过试做修建性详细规划和形体设想方案估算。指标确定的方法依实际情况决定，也可采用多种方法相互印证。基本原则是先确定基本控制指标，再进一步确定其他指标。

4. 成果编制

按照编制办法的相关规定编制规划图纸、分图控制图则、文本和管理技术规定，形成规划成果。

1.3 控制性详细规划的编制深度与成果要求

1.3.1 深度要求

1. 基本要求

控制性详细规划是城市规划体系中的一个重要组成部分，它是城市总体规划各项指标能够落实的保证，是编制修建性详细规划的重要依据，也是城市规划管理部门进行城市规划管理的依据。其成果表达深度应满足以下三方面要求：

(1) 既能深化、补充、完善落实总体规划、分区规划意图，又能落实到每块具体用地上。

(2) 能充当土地租让、招（议）标、标底条件和管理的依据与建设的指导。

控制性详细规划应当控制城市开发在规划意图内有序进行，提供修建性详细规划的编制依据或具体城市开发项目的规划条件。控制性详细规划将控制条件、指标与具体要求落实到相应的建设地块上进行控制，作为土地招（议）标底条件和管理的依据与建设的指导。

(3) 直接指导修建性详细规划和个案建设（规划设计条件）

《城市规划编制办法》(2006) 第二十四条指出："编制城市控制性详细规划，应当依据已经依法批准的城市总体规划或分区规划,考虑相关专项规划的要求,对具体地块的土地利用和建设提出控制指标，作为建设主管部门（城乡规划主管部门）作出建设项目规划许可的依据。编制城市修建性详细规划，应当依据已经依法批准的控制性详细规划，对所在地块的建设提出具体的安排和设计。"以上规定从法律的角度确定了控制性详细规划对修建性详细规划和个案建设的指导地位。

2. 内容深度

《城市规划编制办法》中对控制性详细规划的内容与编制深度要求如下：

(1) 确定规划范围内不同性质用地的界线，确定各类用地内适建、不适建或者有条件地允许建设的建筑类型；

(2) 确定各地块建筑高度、建筑密度、容积率、绿地率等控制指标；确定公共设施配套要求、交通出入口方位、停车泊位、建筑后退红线距离等要求；

(3) 提出各地块的建筑体量、体型、色彩等城市设计指导原则；

(4) 根据交通需求分析，确定地块出入口位置、停车泊位、公共交通场站用地范围和站点位置、步行交通以及其他交通设施。规定各级道路的红线、断面、交叉口形式及渠化措施、控制点坐标和标高；

(5) 根据规划建设容量，确定市政工程管线位置、管径和工程设施的用地界线，进行管线综合。确定地下空间开发利用具体要求；

(6) 制定相应的土地使用与建筑管理规定。

控制性详细规划应以用地的控制和管理为重点，因地制宜，以实施总体规划、分区规划的意图为目的，成果内容重点在于规划控制指标的体现。

1.3.2 成果要求

控制性详细规划成果应当包括规划文本、图件和附件。图件由图纸和图则两部分组成，附件包括规划说明书、基础资料和研究报告。

1. 图纸成果及深度要求

（1）规划用地位置图（区位图，比例不限）

标明规划用地在城市中的地理位置，与周边主要功能区的关系，以及规划用地周边重要的道路交通设施、线路及地区可达性情况。

（2）规划用地现状图（1∶1000~1∶2000）

标明土地利用现状、建筑物现状、人口分布现状、公共服务设施现状、市政公用设施现状。

（3）土地使用规划图（1∶1000~1∶2000）

规划各类用地的界线，规划用地的分类和性质、道路网络布局，公共设施位置；须在现状地形图上标明各类用地的性质、界线和地块编号，道路用地的规划布局结构，标明市政设施、公用设施的位置、等级、规模以及主要规划控制指标。

（4）道路交通及竖向规划图（1∶1000~1∶2000）

确定道路走向、线型、横断面、各支路交叉口坐标、标高、停车场和其他交通设施位置及用地界线，各地块室外地坪规划标高。

（5）公共服务设施规划图（1∶1000~1∶2000）

标明公共服务设施位置、类别、等级、规模、分布、服务半径以及相应建设要求。

（6）工程管线规划图（1∶1000~1∶2000）

标明各类工程管网平面位置、管径、控制点坐标和标高，具体分为给排水、电力电信、热力燃气、管线综合等。必要时可分别绘制。

（7）环卫、环保规划图（1∶1000~1∶2000）

标明各种卫生设施的位置、服务半径、用地、防护隔离设施等。

（8）地下空间利用规划图（1∶1000~1∶2000）

规划各类地下空间在规划用地范围内的平面位置与界线（特殊情况下还应划定地下空间的竖向位置与界线），表明地下空间用地的分类和性质，表明市政设施、公用设施的位置、等级、规模以及主要规划控制指标。

（9）五线规划图（1∶1000~1∶2000）

标明城市五线：市政设施用地及点位控制线（黄线）、绿化控制线（绿线）、水域用地控制线（蓝线）、文物用地控制线（紫线）、城市道路用地控制线（红线）的具体位置和控制范围。

（10）空间形态示意图（比例不限，平面一般比例为：1∶1000~1∶2000）

表达城市设计构思与设想，协调建筑、环境与公共空间的关系，突出规划区空间三维形态特色风貌，包括规划区整体空间鸟瞰图，重点地段、主要节点立面图和空间效果透视图及其他用以表达城市设计构思的示意图纸等。

(11) 城市设计概念图（1：1000~1：2000）

表达城市设计构思、控制建筑、环境与空间形态、检验与调整地块规划指标、落实重要公共设施布局。须标明景观轴线、景观节点、景观界面、开放空间、视觉走廊等空间构成元素的布局和边界及建筑高度分区设想；标明特色景观和需要保护的文物保护单位、历史街区、地段景观位置边界。

(12) 地块划分编号图（1：5000）

标明地块划分具体界线和地块编号，作为分地块图则索引。

(13) 地块控制图则（1：1000~1：2000）

标示规划道路的红线位置、地块划分界线、地块面积、用地性质、建筑密度、建筑高度、容积率等控制指标，并标明地块编号。一般分为总图图则和分图图则两种。地块图则应在现状图上绘制，便于规划内容与现状进行对比。

2. 文本内容与深度要求

(1) 总则

阐明制定规划的依据、原则、适用范围、主管部门与管理权限等。

1) 编制目的

简要说明规划编制的目的，规划的背景情况以及编制的必要性和重要性，明确经济、社会、环境目标。

2) 规划依据与原则

简要说明与规划相关的上位规划、各级法律、法规，行政规章、政府文件和相关技术规定。提出规划的原则，明确规划的指导思想，技术手段和价值取向。

3) 规划范围与概况

简要说明规划自然地理边界、规划面积、现状区位条件、形状、自然、人文、景观、建设等条件以及对规划产生重大影响的基本情况。

4) 适用范围

简要说明规划控制的适用范围，说明在规划范围内哪些行为活动需要遵循本规划。

5) 主管部门与管理权限

明确在规划实施过程中，执行规划的行政主体，并简要说明管理权限以及管理内容。

(2) 土地使用和建筑规划管理通则

1) 用地分类标准、原则与说明

规定土地使用的分类标准，一般按国标《城市用地分类与规划建设用地标准》GB 50137—2011 说明规划范围中的用地类型，并阐明哪些细分到中类、哪些细分至小类，新的用地类型或细分小类应加以说明。

2) 用地细分标准、原则与说明

对规划范围内用地细分标准与原则进行说明，其内容包括划分层次、用地编码系统、细分街坊与地块的原则，不同用地性质和使用功能的地块规模大小标准等。

3）控制指标系统说明

阐述在规划控制中采用哪些控制指标，区分规定性指标和引导性指标。说明控制方法、控制手段以及控制指标的一般性通则规定或赋值标准。

4）各类使用性质用地的一般控制要求

阐明规划用地结构与规划布局，各类用地的功能分布特征；用地与建筑兼容性规定及适建要求；混合使用方式与控制要求；建设容量（容积率、建筑面积、建筑密度、绿地率、空地率、人口容量等）一般控制原则与要求；建筑建造（建筑间距、后退红线、建筑高度、体量、形式、色彩等）一般控制原则与要求。

5）道路交通系统的一般控制规定

明确道路交通规划系统与规划结构、道路等级标准，提出（道路红线、交通设施、车行、步行、公交、交通渠化、配建停车等）一般控制原则与要求。

6）配套设施的一般控制规定

明确公共设施系统、市政工程设施系统（给水、排水、供电、电信、燃气、供热等）的规划布局与结构，设施类型与等级，提出公共服务设施配套要求，市政工程设施配套要求及一般管理规定；提出城市环境保护、城市防灾（公共安全、抗震、防火、防洪等）、环境卫生等设施的控制内容以及一般管理规定。

7）其他通用性规定

规划范围内的"五线"（道路红线、绿地绿线、保护紫线、河湖蓝线、设施黄线）的控制内容、控制方式、控制标准以及一般管理规定；历史文化保护要求及一般管理规定；竖向设计原则、方法、标准以及一般性管理规定；地下空间利用要求及一般管理规定；根据实际情况和规划管理需要提出的其他通用性规定。

（3）城市设计引导

1）城市设计系统控制

根据城市设计研究，提出城市设计总体构思、整体结构框架，落实上位规划的相关控制内容；阐明规划格局、城市风貌特征、城市景观、城市设计系统控制的相关要求和一般性管理规定。

2）具体控制与引导要求

根据片区特征、历史文化背景和空间景观特点，对城市广场、绿地、滨水空间、街道、城市轮廓线、景观视廊、标志性建筑、夜景、标识等空间环境要素提出相关控制引导原则与管理规定；提出各功能空间（商业、办公、居住、工业）的景观风貌控制引导原则与管理规定。

（4）关于规划调整的相关规定

1）调整范畴：明确界定规划调整的含义范畴，规定调整的类型、等级、内容区分与相关的调整方式。

2）调整程序：明确规定不同的调整内容需要履行的相关程序，一般应包括规划的定期或不定期检讨、规划调整申请、论证、公众参与、审批、执行等程序性规定。

3）调整的技术规范：明确规划调整的内容、必要性、可行性论证、技术成果深度、与原规划的承接关系等技术方法、技术手段以及所采用的技术标准。

（5）奖励与补偿的相关措施与规定

奖励与补偿规定：对老城区公共资源缺乏的地段，以及有特殊附加控制与引导内容的地区，提出规划控制与奖励的原则、标准和相关管理规定。

（6）其他包括公众参与意见采纳情况及理由、说明规划成果的组成、附图、附表与附录（名词解释与技术规定、图则索引查询）等。

3. 规划说明书的内容与深度要求

规划说明书是编制规划文本的技术支撑，主要内容是分析现状、论证规划意图、解释规划文本等，为修建性详细规划的编制以及规划审批和管理实施提供全面的技术依据。

2.1 用地规划布局
2.2 公共服务设施规划
2.3 道路与交通设施规划
2.4 绿地系统规划
2.5 市政公用设施规划

2.1 用地规划布局

　　控制性详细规划编制的目标是在总体规划的指导下，制定所涉及的城镇局部地区、地块的具体目标，并提出各项规划管理控制指标，直接指导各项建设活动。具体表现在：①明确所涉及地区的发展定位，与上位的总体规划、分区规划中的相应内容相衔接，使之能够进一步分解和落实，确定该地区在城镇中的分工；②依据上述发展定位，综合考虑现状问题、已有规划、周边关系、未来挑战等因素，制定所涉及地区的城市建设各项开发控制体系的总体指标，并在用地和公共服务设施、市政公用设施、环境质量等方面的配置上落实到各地块，为实现涉及地区的发展定位提供保障；③为各地块制定相关的规划指标，作为法定的技术管理工具，直接引导和控制地块内的各类开发建设活动。

2.1.1 用地规划结构

　　城镇结构是城镇功能活动的内在联系，是社会经济结构在土地使用上的投影，反映构成城镇经济、社会、环境发展的主要要素，在一定时间形成的相互关联、相互影响与相互制约的关系。用地规划结构清晰是城市用地功能组织合理的一个标志，要求城镇各主要用地功能明确，各用地间相互协调，同时又有安全便捷的联系。需要根据城镇各组成要素布局的总体构思，明确城市主、次要发展内容，明确用地的发展方向及相互关系，在此基础上确定用地规划结构，阐明规划区在区域环境中的功能定位与发展方向，深化落实总体规划和分区规划的规定，为地块内各主要组成部分用地的合理组织和协调提供框架，并规划出清晰的道路骨架，从而将各部分组成一个有机的整体。

　　控制性详细规划层面的研究内容则是研究规划地段在城市总体空间结构中所处的地位关系，分析该地段在总体规划和总体城市设计中的结构和布局关系，明确规划地段的城市环境格局及构成，大胆构思和设想该地段在未来城市发展中可能的城市形态。并根据以上综合的分析结果和目标，确定或修正规划地段的空间结构，组织设计空间结构形态以及制定各要素系统的组织和控制。

以《××镇区控制性详细规划（2015—2030）》（以下简称"××镇区控规"）为例，则是在《××镇总体规划（2015—2030）》确定的镇区"一带、三区"的规划结构前提下，继续深化镇区相应功能区块的内部空间并完善相关配套设施，规划形成"一轴、一廊、四片区"的规划结构：一轴：城镇发展轴线（前薛公路），也是重要的城镇风貌轴线；一廊：沙河景观廊道，是城镇山水生态的重要表象之一；四片区：行政商贸教育核心区、两大居住综合片区和台湾工业园及配套片区（图2-1-1）。

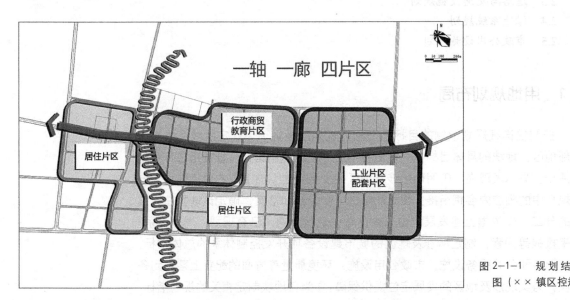

图2-1-1 规划结构图（××镇区控规）

2.1.2 土地使用规划

土地使用规划应体现前瞻性、综合性和可操作性，紧密结合我国城镇化发展的基本方针，即坚持走新型城镇化道路，按照循序渐进、节约土地、集约发展、合理布局的基本要求，努力促进资源节约、环境友好、经济高效、社会和谐的城镇发展新格局，在充分发挥城镇正常功能的前提下，应尽量使布局集中紧凑。

控制性详细规划中的土地使用规划应当依据上位总体规划和土地利用总体规划（从法理上说应当保持一致，但由于由两个不同的单位编制针对同一个对象的规划，造成在修编时间和研究内容上协调困难。目前很多城市都在积极探索"三规合一"，已经有城市正在实践），如果是城镇规模较小的建制镇的控制性详细规划，土地使用规划可以与镇总体规划编制相结合，在此基础上提出规划控制要求和指标。

各种功能的使用用地之间，有的相互联系、依赖，有的相互间有干扰，存在矛盾，这就需要在土地使用规划布局中按照各类用地的功能要求以及相互之间的关系加以合理组织。根据《城市用地分类与规划建设用地标准》GB

50137—2011 和《镇规划标准》GB 50188—2007 划分地块[①]，明确细分后各类用地的布局与规模。在分析论证的基础上，对土地分类和土地使用兼容性控制的原则和措施进行说明，合理确定各地块的规划控制指标。土地性质以标准中的小类为主，中类为辅。规划须进一步确定各类用地的界线，规划用地的性质和规模、道路网络布局，公共设施位置，并进行用地平衡。

以××镇区控规为例，重点对镇区核心区进行了土地使用性质的微调以及细化，以小类为主；为了便于居住用地的可实施性，只是对地块内的设施进行了规定，未对具体用地划分再进行细化，原则上则以中类为主（图 2-1-2）。

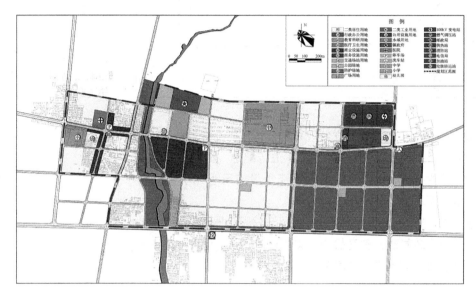

图 2-1-2 用地规划图（××镇区控规）

注意：控制性详细规划修改涉及城市总体规划、镇总体规划的强制性内容的，应当先修改总体规划。在控规中，不能随意调整城市总体规划、镇总体规划的强制性内容。

2.2 公共服务设施规划

2.2.1 公共设施系统的组成

城镇公共设施的种类繁多。如按照用地分类划分为不同的功能类型；按照公共设施所属机构的性质及其服务范围，可以分为非地方性公共设施和地方性公共设施；按照其公共属性可以分为公益性设施、营利性设施等。公益性公共服务一般是指医疗卫生、体育、文化、居住区教育和社会福利设施等，而这些公益性公共设施的用地范围界线在控规中用城市橙线来进行控制与界定（图 2-2-1）。

---

① 城市和县人民政府所在地镇的控制性详细规划用地划分依据为《城市用地分类与规划建设用地标准》GB 50137—2011；其他镇则视情况而定，原则上依据《镇规划标准》GB 50188 — 2007。

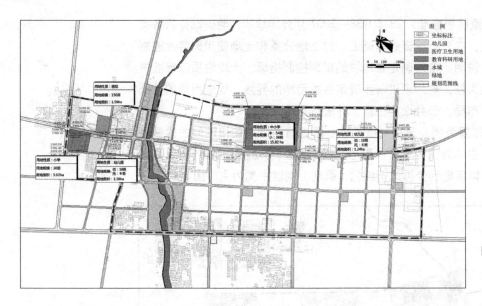

图 2-2-1　城市橙线
控制规划图（××
镇区控规）

　　城市和县人民政府所在地镇的控制性详细规划的公共服务设施需按照《城市用地分类与规划建设用地标准》GB 50137—2011 进行配建，配建项目见表3-2-2 中的公共管理与公共服务用地（A）、商业服务业设施用地（B）以及居住用地中服务设施用地（R22）。

　　其他镇公共设施应根据《镇规划标准》GB 50188—2007 进行配建。按公共服务设施使用性质分为行政管理、教育机构、文体科技、医疗保健、商业金融和集贸市场六类，其项目的配置应符合表 2-2-1 的规定。

公共服务设施配置　　　　　　　　　表2-2-1

类别	项目	中心镇	一般镇
一、行政管理	1. 党政、团体机构	●	●
	2. 法庭	○	—
	3. 各专项管理机构	●	●
	4. 居委会	●	●
二、教育机构	5. 专科院校	○	—
	6. 职业学校、成人教育及培训机构	○	○
	7. 高级中学	●	○
	8. 初级中学	●	●
	9. 小学	●	●
	10. 幼儿园、托儿所	●	●
三、文体科技	11. 文化站（室）、青少年及老年之家	●	●
	12. 体育场馆	●	○
	13. 科技站	●	○
	14. 图书馆、展览馆、博物馆	●	○
	15. 影剧院、游乐健身场	●	○
	16. 广播电视台（站）	●	○

类别	项目	中心镇	一般镇
四、医疗保健	17.计划生育站（组）	●	●
	18.防疫站、卫生监督站	●	●
	19.医院、卫生院、保健站	●	○
	20.休疗养院	○	—
	21.专科诊所	○	○
五、商业金融	22.百货店、食品店、超市	●	●
	23.生产资料、建材、日杂商店	●	●
	24.粮油店	●	●
	25.药店	●	●
	26.燃料店（站）	●	●
	27.文化用品店	●	●
	28.书店	●	●
	29.综合商店	●	●
	30.宾馆、旅店	●	○
	31.饭店、饮食店、茶馆	●	●
	32.理发馆、浴室、照相馆	●	●
	33.综合服务站	●	●
	34.银行、信用社、保险机构	●	○
六、集贸市场	35.百货市场	●	●
	36.蔬菜、果品、副食市场	●	●
	37.粮油、土特产、畜、禽、水产市场	根据镇的特点和发展需要设置	
	38.燃料、建材家具、生产资料市场		
	39.其他专业市场		

注：●为应设置项目，○为可设置项目

2.2.2 公共设施系统的组织与布局

公共设施的分布与城镇布局的结构形态存在着对应的组构关系。通常应根据城镇的功能与用地构成，拟定公共设施的级别和设置指标，同时阐明各类配套公共服务设施的等级、布局、用地规模、服务半径，对配套设施的建设方式规定进行说明。

不同功能类型的公共设施具有不同的布局特点。教育和医疗保健机构必须独立选址，其他公共设施宜相对集中布置，形成公共活动中心；学校、幼儿园、托儿所的用地，应设在阳光充足、环境安静、远离污染和不危及学生、儿童安全的地段，距离铁路干线应大于300m，主要入口不应开向公路；医院、卫生院、防疫站的选址，应方便使用且避开人流和车流大的地段，并应满足突发灾害事件的应急要求；集贸市场用地应综合考虑交通、环境与节约用地等因素进行布置，并应符合下列规定：①集贸市场用地的选址应有利于人流和商品的集散，并不得占用公路、主要干路、车站、码头、桥头等交通量大的地段；不应布置在文体、教育、医疗机构等人员密集场所的出入口附近和妨碍消防车通行的地段；影响镇容环境和易燃易爆的商品市场，应设在集镇的边缘，并应符合卫生、安全防护的要求。②集贸市场用地的面积应按平集规模确定，并应安排好大集时临时占用的场地，休集时应考虑设施和用地的综合利用。

公共服务设施一般是按照用地性质以及城市用地结构进行分级和分类配置，按照与居民生活的密切程度确定合理的服务半径。城镇公共服务设施一般分成镇区级和社区级。镇区级为全镇服务的项目，此部分一般在镇总体规划阶段有明确的安排；社区级则是为居住片区服务的项目，控规应重点对该级别公共服务配套设施进行详细安排，具体设置项目及标准参考《城市居住区规划设计规范》GB 50180—93（2002 年版），详见修建性详规部分表 2-4-3。

公共设施的系统布置与组合形态是城镇布局结构的重要构成要素和形态表现。同时，由于公共设施的多样性，中心区往往形成丰富的城镇景观环境，成为展示城镇形象特征的重点。以 ×× 镇区控规为例，镇区核心区通过轴线结合绿化来组织城市空间，将重要的城市公共职能串联在轴线上，延伸城市文脉，构筑特色城市空间（图 2-2-2）。

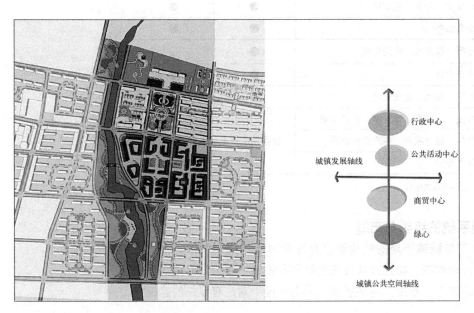

图 2-2-2　镇区核心区平面导引图（×× 镇区控规）

2.3　道路与交通设施规划

2.3.1　道路系统的架构

按交通性质和交通速度划分城镇道路的类别，形成道路交通体系。在用地规划布局中，道路与交通设施规划占有特别重要的地位，必须与工业区和居住区等功能区的分布相关联，同时又必须遵循现代交通运输对用地本身以及对道路系统的要求，即按各种交通性质和交通速度，对用地道路按其从属关系合理划分类别和等级。

1. 对外交通

对外交通是以城市为基点与城市外部进行联系的各类交通运输方式的总称，包括铁路、航运、航空、公路运输等。对外交通对城镇的形成和发展有重要的影响，相应的对外交通设施也是决定城镇布局的重要因素。

对外交通综合布局一般需要注意以下一些原则：

（1）各类对外交通运输设施之间，应按其联运要求创造方便条件，以便于组织水、陆、空各种运输方式的综合运输；

（2）各类对外交通运输的客运部分应与城市市区靠近，联系直接方便；

（3）对外交通站场与城市交通性干道系统密切联系，由干道把城市大量货流的集散点（如工业区、仓库区、货站、码头等）串联起来，充分发挥市内交通与对外交通的运输效率；

（4）对外交通运输设施的布置与城市功能布局密切配合，尽量减少对城市的干扰。

在重大交通设施布置与协调关系上，应标明规划区对外交通设施位置、规模与用地范围，铁路和干线性道路走向和控制范围，以及重大交通设施（火车站、长途客运站等）之间的相互协调关系等；说明铁路、公路、航空、港口与城市道路的关系及保护控制要求。

2. 城市交通

城市交通是城市用地空间联系的体现，而道路系统则联系着城市各功能用地。城市各组成部分对交通运输各有不同的需求，如工业企业、住宅区、公共服务区、车站、码头、仓库等都成为城市交通客、货流的吸引点，由此引起城市交通的发生、流向、流量，并形成了在城市内的全局分布，城市的道路系统使这种联系成为可能。

城市中既要提高城市交通的效率，减少交通对城市生活的干扰，又要创造宜人的城市环境。现代城市趋向于按不同功能要求组织城市的各类（交通性与生活性）交通，并使它们互不干扰，或者成为各自独立的系统，或者在界面处相互协调。

地块内道路系统的结构形式应该与城市交通联系的分布相配合，使主要交通流向有直接的道路联系，并使其流量大小与道路的等级相一致。应以总体规划布局为基础，同时在空间布局中要鼓励土地的混合使用，减少长距离出行。

2.3.2　道路与交通设施规划

控规中，应标明规划区内道路系统与区外道路系统的衔接关系，确定区内各级道路红线宽度、道路线型、走向，标明道路控制点坐标和标高、坡度、缘石半径、曲线半径，重要交叉口渠化设计；轨道交通、铁路走向和控制范围；

道路交通设施（包括社会停车场、公共交通及轨道交通站场等）的位置、规模与用地范围。

（1）阐明现状道路、准现状道路红线、坐标、标高、断面及交通设施的分布与用地面积等；

（2）调查旧区交通流量，在城市专项交通规划指导下对新区交通流进行预测；

（3）确定规划道路功能构成及等级划分，明确道路技术标准、红线位置、断面、控制点坐标与标高等（工作图精度采用 1 ：500 地形图）；

（4）道路竖向及重要交叉口意向性规划及渠化设计；

（5）布置公共停车场（库）、公交站场；

（6）明确规划管理中道路的调整原则。

一般情况下，规划区内各级道路红线宽度、道路线型、走向，在道路与设施规划总图（图 2-3-1）以及城市红线（图 3-6-3）中进行明确；道路控制点坐标和标高、坡度在道路竖向规划图（图 2-3-2）中表示；缘石半径、曲线半径、重要交叉口渠化设计等则在图则中有明确的规定（图 3-8-1）；道路交通设施（包括社会停车场、公共交通及轨道交通站场等）的位置、规模与用地范围则在城市黄线中进行控规与界定（图 3-6-1）。

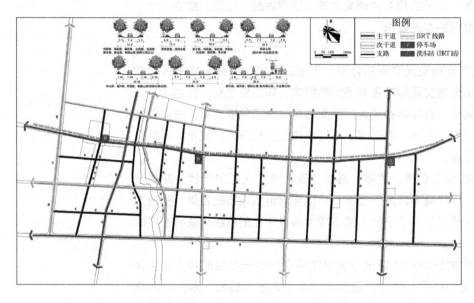

图 2-3-1 道路与交通设施规划图（××镇区控规）

2.3.3 道路竖向规划设计

控制性详细规划阶段竖向规划依据城市总体规划和总体竖向规划，结合详细规划范围周边的道路、用地和自然地形地貌，根据规划范围内的用地功能和布局，确定规划区内的道路标高、街坊地面标高、排水分区以及相应的护坡、挡土墙等工程设施。

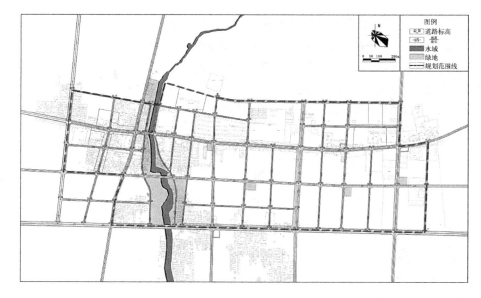

图 2-3-2 竖向规划
图（××镇区控规）

2.4 绿地系统规划

2.4.1 绿地系统规划原则

城镇绿地是城镇用地的组成部分，也是城镇自然环境的构成要素。城镇绿地系统要结合用地自然条件分析，有机组织，同时城镇绿地指标的确定要结合城镇的用地条件，考虑居民的需求，合理而有效地组织，一般应遵循以下原则：

（1）地域性原则

绿地系统建设应根据城镇所在的气候来选择主要树种和主要群落类型，即要把乡土树种作为绿地系统建设的主体，充分体现并强化地域特点，因地制宜，从实际出发，结合地块位置、气候等外部自然条件和生态环境现状特点，完善地块绿地系统。

（2）系统性原则

以生态效应为核心，完善绿地生态功能。从区域的角度出发，将地块周围地区纳入到城镇绿地系统总体规划当中去，突出综合功能。从系统的角度进行规划，合理布局，均衡分布，完善结构和布局，使规划的绿地系统以完整的形态表现出来。

（3）多样性原则

在绿化系统中充分体现生物多样性，丰富植物种类，发挥植物的多种功能。

2.4.2 绿地系统规划布局

绿地系统规划在布局中必须因地制宜，充分利用现状山水地形与植被等条件，合理地确定系统布局形式，反映地块风貌特色。绿地系统的布局根据地块的大小一般有点状、环状、网状、带状、放射状、指状等。

在具体的规划布局中，应详细说明规划区绿地系统的布局结构以及公共绿地的位置规模，说明公园绿地、广场的范围、界限、规模和建设要求，并明确防护绿地的建设宽度以及建设要求（图 2-4-1）；分析规划区内河流水域基本条件，结合相关工程规划要求，确定河流水域的系统分布，说明城市河道"蓝线"（即河流水体及其两岸须控制使用的用地，二者合成区域的边界线）控制原则和具体要求。

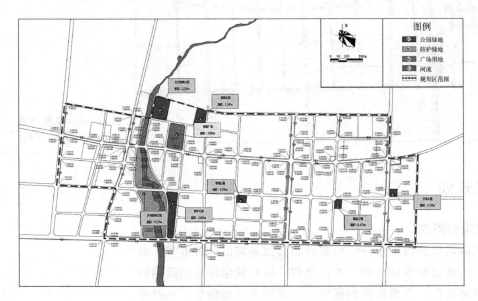

图 2-4-1 绿地系统规划图（示例）

2.5 市政公用设施规划

在控制性详细规划项目整体进度进入用地布局阶段后，应及时与项目组成员沟通，实时了解最新规划路网、综合交通、土地利用规划、重大项目的规划进度，索取最新阶段的规划用地平衡表、掌握规划人口分布情况、各地块的容积率指标，以此为依据，展开市政部分的方案设计工作。在控规中，标明各类工程管网平面位置、管径、控制点坐标和标高，具体分为给排水、电力电讯、热力燃气、管线综合等。必要时，可分别绘制。

2.5.1 给水规划

调查现状水厂供水范围、供水能力，调查现状规划区内及周边供水干管分布、管径，调查水厂新建扩建计划，确定取水来源、方向、拟取水点压力水头，确保规划区供水需求。

标明规划区供水来源，水厂、加压泵站等供水设施的容量、平面的位置及供水标高，供水管线走向和管径。

应在给水分区规划或给水总体规划的基础上，编制城市详细规划阶段中的给水规划，其编制内容应包括：①分析现状给水系统情况；②计算用水量；

③落实上一层次规划给水设施数量、位置和用地范围；④布置给水管网并计算管径。

在控制性详细规划当中给水工程规划应包括以下几个方面：

1. 计算用水量

根据用水目的不同以及用水对象对水质、水量和水压的不同要求，将城市用水分为生活用水、生产用水、消防用水、市政用水四类，用水量标准是计算各类城市用水总量的基础，是城市给水排水工程规划的主要依据，并对城市用水管理也有重要作用。

在《城市给水工程规划规范》GB 50282—98中，城市用水量由两部分组成：第一部分应为规划期内由城市给水工程统一供给的居民生活用水、工业用水、公共设施用水及其他用水水量的总和。第二部分应为城市给水工程统一供给以外的所有用水量的总和。其中应包括：工业和公共设施自备水源供给的用水、河湖环境用水和航道用水、农业灌溉和养殖及畜牧业用水、农村居民和乡镇企业用水等。

城市给水工程统一供给的用水量应根据城市的地理位置、水资源状况、城市性质和规模、产业结构、国民经济和居民生活水平、工业回水率等因素确定。在控制性详细规划的规划编制实践中，统一供给的用水量计算一般使用以下两种方法：

（1）单位用地指标法

单位用地指标法是指根据规划的城市建设用地规模，合理确定单位用地的用水量指标，推算出城市用水总量。用水量指标应根据当地的具体情况，参照《城市给水工程规划规范》GB 50282—98合理选定。单位用地指标法在城市详细规划中应用较为广泛（表2-5-1、表2-5-2）。

城市单位人口综合用水量指标（万m³/（万人·d））　　　表2-5-1

区域	城市规范			
	特大城市	大城市	中等城市	小城市
一区	0.8~1.2	0.7~1.1	0.6~1.0	0.4~0.8
二区	0.6~1.0	0.5~0.8	0.35~0.7	0.3~0.6
三区	0.5~0.8	0.4~0.7	0.3~0.6	0.25~0.5

注：1. 特大城市指市区和近郊区非农业人口100万及以上的城市；大城市指市区和近郊区非农业人口50万及以上不满100万的城市；中等城市指市区和近郊区非农业人口20万及以上不满50万的城市；小城市指市区和近郊区非农业人口不满20万的城市。

2. 一区包括：贵州、四川、湖北、湖南、江西、浙江、福建、广东、广西、海南、上海、云南、江苏、安徽、重庆；二区包括：黑龙江、吉林、辽宁、北京、天津、河北、山西、河南、山东、宁夏、陕西、内蒙古河套以东和甘肃黄河以东的地区；三区包括：新疆、青海、西藏、内蒙古河套以西和甘肃黄河以西的地区。

3. 经济特区及其他有特殊情况的城市，应根据用水实际情况，用水指标可酌情增减（下同）。

4. 用水人口为城市总体规划确定的规划人口数（下同）。

5. 本表指标为规划期最高日用水量指标（下同）。

6. 本表指标已包括管网漏失水量。

城市单位建设用地综合用水量指标（万m³／（km³·d）） 表2-5-2

区域	城市规范			
	特大城市	大城市	中等城市	小城市
一区	1.0~1.6	0.8~1.4	0.6~1.0	0.4~0.8
二区	0.8~1.2	0.6~1.0	0.4~0.7	0.3~0.6
三区	0.6~1.0	0.5~0.8	0.3~0.6	0.25~0.5

注：本表指标已包括管网损失水量。

城市给水工程统一供给的综合生活用水量的预测，应根据城市特点、居民生活水平等因素确定。人均综合生活用水量宜采用表2-5-3中的指标。

人均综合生活用水量指标（L／（人·d）） 表2-5-3

区域	城市规范			
	特大城市	大城市	中等城市	小城市
一区	300~540	290~530	280~520	240~450
二区	230~400	210~380	190~360	190~350
三区	190~330	180~320	170~310	170~300

注：综合生活用水为城市居民日常生活用水和公共建筑用水之和，不包括浇洒道路、绿地、市政用水和管网漏失水量。

城市居住用地用水量应根据城市特点、居民生活水平等因素确定。单位居住用地用水量可采用表2-5-4中的指标。

单位居住用地用水量指标（万m³／（km²·d）） 表2-5-4

用地代号	区域	城市规范			
		特大城市	大城市	中等城市	小城市
R	一区	1.70~2.50	1.50~2.30	1.30~2.10	1.10~1.90
	二区	1.40~2.10	1.25~1.90	1.10~1.70	0.95~1.50
	三区	1.25~1.80	1.10~1.60	0.95~1.40	0.80~1.30

注：1.城市分类和分区与表2-5-1相同；2.本表指标已包括管网损失水量。

城市公共设施用地用水量应根据城市规模、经济发展状况和商贸繁荣程度以及公共设施的类别、规模等因素确定。单位公共设施用地用水量可采用表2-5-5中的指标。

城市工业用地用水量应根据产业结构、主体产业、生产规模及技术先进程度等因素确定。单位工业用地用水量可采用表2-5-6中的指标。

城市其他用地用水量可采用表2-5-7中的指标。

单位公共设施用地用水量指标（万m³／（km²·d））   表2-5-5

用地代号	用地名称	用水量指标
C	行政办公用地	0.50~1.00
	商贸金融用地	0.50~1.00
	体育、文化娱乐用地	0.50~1.00
	旅馆、服务业用地	1.00~1.50
	教育用地	1.00~1.50
	医疗、休疗养用地	1.00~1.50
	其他公共设施用地	0.80~1.20

注：本表指标已包括管网损失水量。

单位工业用地用水量指标（万m³／（km²·d））   表2-5-6

用地代号	工业用地类型	用水量指标
M1	一类工业用地	1.20~2.00
M2	二类工业用地	2.00~3.50
M3	三类工业用地	3.00~5.00

注：本表指标包括了工业用地中职工生活用水及管网漏失水量。

单位其他用地用水量指标（万m³／（km²·d））   表2-5-7

用地代号	用地名称	用水量指标
W	仓储用地	0.20~0.50
T	对外交通用地	0.30~0.60
S	道路广场用地	0.20~0.30
U	市政公用设施用地	0.25~0.50
G	绿地	0.10~0.30
D	特殊用地	0.50~0.90

注：本表指标已包括管网损失水量。

(2) 分类加和法

分类加和法是分别对各类用水进行预测，求出各类用水量后再加和，得到总用水量。这种方法是人均综合用水指标法和单位用地指标法的细化。根据规划的人口规模可进行人均综合生活用水和居民生活用水的预测；根据不同性质的城市建设用地规模可进行工业用水、生活用水、公共设施用水、道路广场等其他用水的预测。分类加和法在城市各级规划的用水量预测计算中应用也较为广泛。

用水分类在不同的城市和不同规划阶段有差别，应视具体情况确定。基本的分类方法有几种，分别是：①分成居民生活用水、公共建筑用水、工业企业用水、市政用水（含道路和绿地等环境用水）、未预见用水五类；②分成综合生活用水和工业用水两类，其中综合生活用水包括居民生活、公建、市政等用水；③分成居民生活用水、公建用水及工业用水三类。

2．提出对水质的要求

城市统一供给的或自备水源供给的生活饮用水水质应符合现行国家标准《生活饮用水卫生标准》GB 5749—2006 的规定。

城市统一供给的其他用水水质应符合相应的水质标准。

3．布置给水设施和给水管网

当配水系统中需设置加压泵站时，其位置宜靠近用水集中地区。泵站用地应按规划期给水规模确定。泵站周围应设置宽度不小于 10m 的绿化地带，并宜与城市绿化用地相结合。

城市配水干管的设置及管径应根据城市规划布局、规划期给水规模并结合近期建设确定。其走向应沿现有或规划道路布置，并宜避开城市交通主干道。管网布置必须保证供水安全可靠，宜布置成环状。即按主要流向布置几条平行干管，其间用连通管连接。干管尽可能布置在两侧有用水量较大的道路上，以减少配水管数量。平行的干管间距为 500~800m，连通管间距 800~1000m。干管尽可能布置在高地，若城市地形高差较大时，可考虑分压供水或局部加压。管线应遍布在整个给水区内。管线在城市道路中的埋设位置应符合现行国家标准《城市工程管线综合规划规范》GB 50289—98 的规定。

4．计算输配水管渠管径，校核配水管网水量及水压

管网中用水量最高日最高时各管段的计算流量分配确定后，一般就作为确定管径 d 的依据。

$$d = 4Q / V$$

式中　Q——最高日最高时各管段的计算流量，m^3/s；

　　　　V——管内流速，m/s。

5．选择管材

给水管材主要有灰铸铁管、球墨铸铁管、钢管、钢筋混凝土管，应根据实际要求来选择。具体规定，详见《城市给水工程规划规范》GB 50282—98。

6．消防栓

消防栓设置间距不大于 120m。消防站及车辆等配置遵照国家现行标准《城镇消防站布局与技术装备配备标准》。

7．给水规划示例

以 ××镇区控规为例，包括给水量预测、水源规划、管网布置、消防用水以及管道材料等部分内容（图 2-5-1）。

（1）给水量预测

在给水量预测中，依据《城市给水工程规划规范》GB 50282—98 用地指标法以及《峄城区村镇体系规划》相关要求，可按单位人口综合用水指标 0.15 万 m^3/万人·d、单位建设用地综合用水指标 0.40 万 m^3/km^2·d 两种方法预测给水量。

（2）水源规划

在水源确定上，依据 ××镇总体规划和给水工程专项规划的相关部分，

确定沙河西侧的水源为镇区新建水厂，供水规模达到 1.2 万 m³/日。

（3）给水管网

规划区的给水管网系统应满足城镇的用水量、水质、水压及城镇消防、安全给水的要求。配水管网的供水水压宜满足用户接管点处服务水头 28m。配水管网在集中用水区管网干管采用环状，即按主要流向布置几条平行干管，期间用连通管连接。在非集中用水区可先采用枝状，待以后用水量增加时，再连成环状。其干管布置的主要方向按用水主要流向延伸，干管间距为 500~800m，连通管间距 800~1000m。

给水主干管管径为 DN400~DN600，次干管管径为 DN200~DN300。给水管道一般布置在城市道路东、北两侧的人行道或非机动车道下面，距人行道路缘石 1.0~2.5m，埋深一般为 1.5~2.5m。

（4）消防用水

根据规划区的人口规模等情况，确定镇区室外消防用水量按同时火灾次数两次，一次灭火用水量 25L/s 的标准设计。

规划采用生活、消防统一的供水系统，消防水压采用低压制，按规范每隔 120m 左右设置一个室外地上式消火栓。布置消火栓的管道管径不应小于 DN100。

（5）管道材料

干管、配水管可采用球墨铸铁管，特殊地区，如过河、穿越障碍可采用钢管。

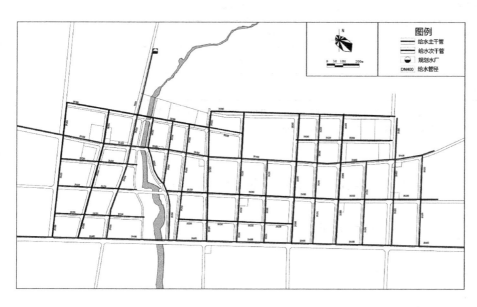

图 2-5-1 给水规划
图（××镇区控规）

2.5.2 排水规划

调查现状规划区内及周边雨水干管敷设情况及新扩建计划，调查现状规划区内及周边行洪河道、排水沟渠的流向、水位、泄洪能力及新扩改建计划，确定雨水的排出方向；调查现状规划区内及周边污水处理厂的收集范围、处理能力、新扩建计划，调查现状规划区内及周边污水干管敷设情况及新改建计划，确定污水的排出方向。

应在给排水分区规划或排水总体规划的基础上编制城市详细规划阶段的排水规划，主要内容是：①落实总体规划确定的排水干管位置和其他排水设施用地，并在管径、管底标高方面与周边排水管道相衔接；②布置规划区内雨水、污水支管和其他排水设施；③确定规划区雨水、污水支管管径和控制点标高。

其编制内容符合以下要求：

1. 城市污水排放量和雨水量的计算

（1）城市污水量

城市污水量宜根据城市综合用水量（平均日）乘以城市污水排放系数确定。其中城市综合生活污水量宜根据城市综合生活用水量（平均日）乘以城市综合生活污水排放系数确定。城市工业废水量宜根据城市工业用水量乘以城市工业废水排放系数，或由城市污水量减去城市综合生活污水量确定。

污水排放系数应是在一定的计算时间（年）内的污水排放量和用水量的比值。城市分类污水排放系数可依据《城市排水工程规划规范》GB 50318—2000 确定（表2-5-8）。

城市分类污水排放系数 表2-5-8

城市污水分类	污水排放系数
城市污水	0.70~0.80
城市综合生活污水	0.80~0.90
城市工业废水	0.70~0.90

注：工业废水排放系数不含石油、天然气开采业和煤炭与其他矿采选业以及电力蒸汽热水产工业废水排放系数，其数据应按厂、矿区的气候、水文地质条件和废水利用、排放方式确定。

（2）城市雨水量

城市雨水量计算应与城市防洪、排涝系统规划相协调。雨水量应按下式计算确定：

$$Q = q\Phi F$$

式中　Q——雨水量（L/s）；

　　　q——暴雨强度（L/s·ha）；

　　　Φ——径流系数；

　　　F——汇水面积（ha）。

城市暴雨强度计算应采用当地的城市暴雨强度公式。当规划城市无上述资料时，可采用地理环境及气候相似的邻近城市暴雨强度公式。

径流系数	表2-5-9

区域情况	径流系数 φ
城市建筑密集区（城市中心区）	0.60~0.85
城市建筑较密集区（一般规划区）	0.45~0.60
城市建筑稀疏区（公园、绿地等）	0.20~0.45

2. 排水体制、废水收纳体及排水分区的确定

城市排水体制应分为分流制与合流制两种基本类型。城市排水体制应根据城市总体规划、环境保护要求，当地自然条件（地理位置、地形及气候）和废水受纳体条件，结合城市污水的水质、水量及城市原有排水设施情况，经综合分析比较确定。同一个城市的不同地区可采用不同的排水体制。新建城市、扩建新区、新开发区或旧城改造地区的排水系统应采用分流制。在有条件的城市可采用截流初期雨水的分流制排水系统。

城市废水受纳体应是接纳城市雨水和达标排放污水的地域，包括水体和土地。受纳水体应是天然江、河、湖、海和人工水库、运河等地面水体。受纳土地应是荒地、废地、劣质地、湿地以及坑、塘、淀、洼等。城市废水受纳体应符合下列条件：①污水受纳水体应符合经批准的水域功能类别的环境保护要求，现有水体或采取引水增容后水体应具有足够的环境容量。雨水受纳水体应有足够的排泄能力或容量；②受纳土地应具有足够的容量，同时不应污染环境、影响城市发展及农业生产。

排水系统应根据城市规划布局，结合竖向规划和道路布局、坡向以及城市污水受纳体和污水处理厂位置进行流域划分和系统布局。城市污水处理厂的规划布局应根据城市规模、布局及城市污水系统分布，结合城市污水受纳体位置、环境容量和处理后污水、污泥出路，经综合评价后确定。雨水系统应根据城市规划布局、地形，结合竖向规划和城市废水受纳体位置，按照就近分散、自流排放的原则进行流域划分和系统布局。

3. 排水设施的布置

规划中的排水系统主要包括排水设施设置和主要排水管道的走向两部分。排水设施包括污水处理厂、污水泵站、雨水泵站等。

城市污水处理厂位置的选择宜符合下列要求：①在城市水系的下游并应符合供水水源防护要求；②在城市夏季最小频率风向的上风侧；③与城市规划居住、公共设施保持一定的卫生防护距离；④靠近污水、污泥的排放和利用地段；⑤应有方便的交通、运输和水电条件。城市污水处理厂规划用地指标宜根据规划期建设规模和处理级别按照表 2-5-10 的规定确定。

对污水处理工艺提出初步方案，依据污水的水质、水量确定污水处理工艺。一级处理工艺流程大体为泵房、沉砂、沉淀及污泥浓缩和干化处理。二级处理（一），其工艺流程大体为泵房、沉砂、初次沉淀、曝气、二次沉淀及污泥浓缩、

干化处理。二级处理（二），其工艺流程大体为泵房、沉砂、初次沉淀、曝气、二次沉淀、消毒及污泥提升、浓缩、消化、脱水及沼气利用等。

当排水系统中需设置排水泵站时，泵站建设用地按建设规模、泵站性质确定，其用地指标宜按表2-5-11和表2-5-12的规定。

城市污水处理厂规划用地指标（$m^2 \cdot d/m^3$）　　　　　表2-5-10

建设规模	污水流量（L/s）				
	20万以上	10万~20万	5万~10万	2万~5万	1万~2万
用地指标	一级污水处理指标				
	0.3~0.5	0.4~0.6	0.5~0.8	0.6~1.0	0.6~1.4
	二级污水处理指标（一）				
	0.5~0.8	0.6~0.9	0.8~1.2	1.0~1.5	1.0~2.0
	二级污水处理指标（二）				
	0.6~1.0	0.8~1.2	1.0~2.5	2.5~4.0	4.0~6.0

雨水泵站规划用地指标（$m^2 \cdot s/L$）　　　　　表2-5-11

建设规模	雨水流量（L/s）			
	20000以上	10000~20000	5000~10000	100~5000
用地指标	0.4~0.6	0.5~0.7	0.6~0.8	0.8~1.1

注：1.用地指标是按生产必需的土地面积；2.雨水泵站规模按最大秒流量计；3.本指标未包括站区周围绿化带用地；4.合流泵站可参考雨水泵站指标。

污水泵站规划用地指标（$m^2 \cdot s/L$）　　　　　表2-5-12

建设规模	雨水流量（L/s）			
	2000以上	1000~2000	300~600	100~300
用地指标	1.5~3.0	2.0~4.0	2.5~5.0	4.0~7.0

注：1.用地指标是按生产必需的土地面积；2.污水泵站规模按最大秒流量计；3.本指标未包括站区周围绿化带用地。

4. 排水管网的布置

排水管渠应以重力流为主，宜顺坡敷设，不设或少设排水泵站。当排水管遇有翻越高地、穿越河流、软土地基、长距离输送污水等情况，无法采用重力流或重力流不经济时，可采用压力流。排水干管应布置在排水区域内地势较低或便于雨、污水汇集的地带。排水管宜沿规划城市道路敷设，并与道路中心线平行。

城市污水的处理程度应根据进厂污水的水质、水量和处理后污水的出路（利用或排放）确定。污水利用应按用户用水的水质标准确定处理程度。污水排入水体应视受纳水体水域使用功能的环境保护要求，结合受纳水体的环境容量，按污染物总量控制与浓度控制相结合的原则确定处理程度。污水处理的方法应根据需要处理的程度确定，城市污水处理一般应达到二级生化处理标准。

5. 排水规划示例

《××控规》根据城镇总体规划和排水工程专项规划，逐步形成雨污分流制的排水系统。

(1) 污水规划

规划区污水总量以总用水量的80%计算，合计约为1.0万m³/d。

规划区污水进入规划的××污水处理厂进行处理。污水在地块内收集后就近排入地块周围道路下的污水管道，然后依据地形和道路坡向，组织污水管道排放系统。

污水管一般布置在道路东、南两侧的非机动车道和车行道下，污水管径 *DN*300~*DN*1200，埋深控制在 2.0~5.0m，以免埋深过小，导致道路周边地块内污水排出困难（图 2-5-2）。

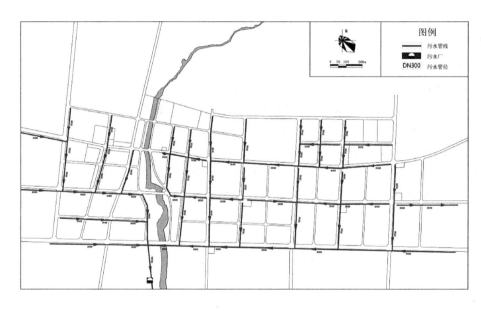

图 2-5-2　污 水 规 划
图（×× 镇区控规）

(2) 雨水工程规划

合理地利用地形和现有水体，划分雨水排放分区，使雨水就近排入水体，发挥现有河道的排泄能力，避免雨水远距离输送。镇区的雨水排放分区根据接纳水体的范围，大体分为三片。雨水排放充分利用地形条件和自然水体，管网采取分散布置和就近排放（图 2-5-3）。

雨水量按照枣庄市暴雨强度进行预测。

规划沿道路敷设雨水管，雨水管径 *DN*300~*DN*1500，雨水管道在道路下敷设，两侧布置以慢车道或人行道为主。雨水管道起始端覆土深度不小于0.7m，覆土不足 0.7m 的管段应做工程加固措施处理。雨水排放口的标高应高于受纳水体沟渠的沟底标高。

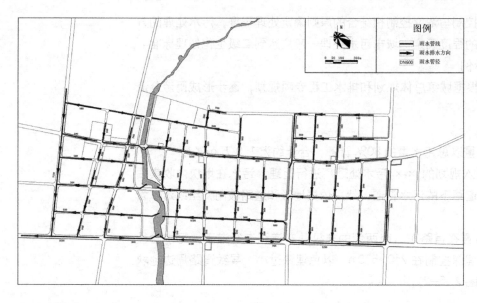

图 2-5-3 雨水规划
图（××镇区控规）

2.5.3 供电规划

控规应调查现状规划区内及周边变电站变电容量、接线关系，调查供电部门的新扩建计划，确定需新增变电站的等级、数量、变电站间的衔接关系。编制电力控制性详细规划，应在电力分区规划或电力总体规划的基础上，内容宜包括：①确定详细规划区中各类建筑的规划用电指标，并进行负荷预测；②确定详细规划区供电电源的容量、数量及其位置、用地；③布置详细规划区内中压配电网或中、高压配电网，确定其变电所、开关站的容量、数量、结构形式及位置、用地；④绘制电力控制性详细规划图，编写电力控制性详细规划说明书。

1. 负荷预测

控制性详细规划阶段的负荷预测方法宜选用单位建筑面积负荷指标法和点负荷单耗法，或由有关专业部门、设计单位提供负荷、电量资料（表2-5-13，表2-5-14）。

规划单位建设用地负荷指标表 表2-5-13

城市建设用地用电类别	单位建设用地负荷指标（kW/ha）	城市建设用地用电类别	单位建设用地负荷指标（kW/ha）
居住用地用电	100~400	工业用地用电	200~800
公共设施用地用电	300~1200		

注：1.城市建设用地包括：居住用地、公共设施用地、工业用地、仓储用地、对外交通用地、道路广场用地、市政公用设施用地、绿化用地和特殊用地八大类。不包括水域和其他用地；2.超出表中三大类建设用地以外的其他各类建设用地的规划单位建设用地负荷指标的选取，可根据所在城市的具体情况确定。

规划单位建筑面积负荷指标表   表2-5-14

建筑用电类别	单位建筑面积负荷指标 （W/m²）	建筑用电类别	单位建筑面积负荷指标 （W/m²）
居住建筑用电	20~60 （1.4~4kW/户）	工业建筑用电	20~80
公共建筑用电	30~120		

注：超出表中三大类建筑以外的其他各类建筑的规划单位建筑面积负荷指标的选取，可结合当地实际情况和规划要求，因地制宜确定。

2. 供电设施的设置

城市变电所的用地面积（不含生活区用地），应按变电所最终规模规划预留；规划新建的35~500kV变电所用地面积的预留，可根据表2-5-15和表2-5-16的规定，结合所在城市的实际用地条件，因地制宜选定。

35~110kV变电所规划用地面积控制指标   表2-5-15

序号	变压等级（kV）一次 电压/二次电压	主变压器容量 [MVA/台（组）]	变电所结构形式及用地面积（m²）		
			全户外式用 地面积	半户外式用 地面积	户内式用地 面积
1	110（66）/10	20~63/2~3	3500~5500	1500~3000	800~1500
2	35/10	5.6~31.5/2~3	2000~3500	1000~2000	500~1000

城市变电所规划选址的条件包括：①符合城市总体规划用地布局要求；②靠近负荷中心；③便于进出线；④交通运输方便；⑤应考虑对周围环境和邻近工程设施的影响和协调，如军事设施、通讯电台、电信局、飞机场、领（导）航台、国家重点风景旅游区等，必要时，应取得有关协议或书面文件；⑥宜避开易燃、易爆区和大气严重污染区及严重烟雾区；⑦应满足防洪标准要求：220~500kV变电所的所址标高，宜高于洪水频率为1%的高水位；35~110kV变电所的所址标高，宜高于洪水频率为2%的高水位；⑧应满足抗震要求：35~500kV变电所抗震要求，应符合国家现行标准《220~500kV变电所设计规程》和《35~110kV变电所设计规范》中的有关规定；⑨应有良好的地质条件，避开断层、滑坡、塌陷区、溶洞地带、山区风口和易发生滚石场所等不良地质构造。

220~500kV变电所规划用地面积控制指标   表2-5-16

序号	变压等级（kV）一次电压/ 二次电压	主变压器容量 [MVA/台（组）]	变电所结构 形式	用地面积（m²）
1	500/220	750/2	户外式	90000~110000
2	330/220及330/110	90~240/2	户外式	45000~55000
3	330/110及330/10	90~240/2	户外式	40000~47000

序号	变压等级（kV）一次电压/ 二次电压	主变压器容量 [MVA/台（组）]	变电所结构 形式	用地面积（m²）
4	220/110（66，35）及220/10	90~180/2~3	户外式	12000~30000
5	220/110（66，35）	90~180/2~3	户外式	8000~20000
6	220/110（66，35）	90~180/2~3	半户外式	5000~8000
7	220/110（66，35）	90~180/2~3	户外式	2000~4500

当 66~220kV 变电所的二次侧 35kV 或 10kV 出线走廊受到限制，或者 35kV 或 10kV 配电装置间隔不足，且无扩建余地时，宜规划建设开关站。根据负荷分布，开关站宜均匀布置。10kV 开关站宜与 10kV 配电所联体建设。

3. 电力线路敷设

35kV 及以上高压架空电力线路应规划专用通道，并应加以保护；规划新建的 66kV 及以上高压架空电力线路，不应穿越市中心地区或重要风景旅游区；宜避开空气严重污秽区或有爆炸危险品的建筑物、堆场、仓库，否则应采取防护措施；应满足防洪、抗震要求。

城市高压架空电力线路走廊宽度的确定应综合考虑所在城市的气象条件、导线最大风偏、边导线与建筑物之间安全距离、导线最大弧垂、导线排列方式以及杆塔形式、杆塔档距等因素，通过技术经济比较后确定。市区内单杆单回水平排列或单杆多回垂直排列的 35~500kV 高压架空电力线路的规划走廊宽度，应根据所在城市的地理位置、地形、地貌、水文、地质、气象等条件及当地用地条件，结合表 2-5-17 的规定，合理选定。

35~500kV高压架空电力线路规划走廊宽度（单杆单回水平排列或单杆多回垂直排列） 表2-5-17

线路电压等级（kV）	高压线走廊宽度（m）	线路电压等级（kV）	高压线走廊宽度（m）
500	60~75	66，110	15~25
330	35~45	35	12~20
220	30~40		

市区内规划新建的 35kV 以上电力线路在市中心地区、高层建筑群区、市区主干道、繁华街道等；重要风景旅游景区和对架空裸导线有严重腐蚀性的地区时，应采用地下电缆。

4. 电力规划示例

（1）用电负荷预测

根据现有资料与相关要求，《××镇区控规》采用负荷密度法对该片区进行负荷预测。负荷密度的确定综合参考当地的用电水平和《城市电力规划规范》GB 50293—2014 相关规划标准。

電力負荷預測表 表2-5-18

用地性質	用地面積 (hm²)	負荷密度 (kW/hm²)	用電負荷 (kW)	負荷同時率 (%)	用電負荷
居住用地	115.24	200	23048		42068kW 高壓配電網容載比取 1.9，則需 8.0万kWA
公用管理与公共服務用地	28.14	350	9849	0.8	
商業服務業設施用地	15.52	350	5432		
其他用地	142.56	100	14256		
總計			52585		

(2) 電源規劃

根据《××總體規劃 (2012—2030年)》，將35kV××變電站升壓到110kV，以滿足台灣工業園用電的需要，規劃110kV線路由110kV黃山湖變電站和220kV文峰變電站接入。

35kV××變電站由前薛公路調至棗興路，用地面積2.25hm²。供電網設備實現標准化，採用110/10kV電壓等級。

(3) 電力線路規劃

各級電壓網結构應配置合理，電網要有較多的互通容量，任何一條供電線路停電時都應保証大部分用戶的用電。

10kV電力線路沿區內主要道路布置，原則上採用地埋方式 (圖2-5-4)。主干線路採用地埋電纜溝的方式敷設。電纜溝一般敷設在道路東、南兩側的人行道下，距道路紅線1.0~1.5m。

結合城市建設對道路的建設和改造，做好道路地下管線的設計与建設，加快對舊城網架空線路進行地下電纜敷設的改造；新道路的建設要實施地下電纜敷設。低壓電力線路儘量採用埋地線路，並使低壓供電半徑限制在250m以內，以達到經濟運行的效果。

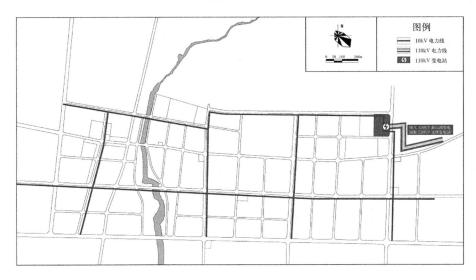

图 2-5-4　电力规划图 (××镇区控规)

2.5.4 电信规划

调查现状规划区内及周边电信局、机房的服务范围、容量，调查现状规划区内及周边通信电缆敷设情况及新改建计划，确定需新建电信设施的数量、规模，规划信号的接入路径。标明规划区电信来源，电信局、所的平面位置和容量，电信管道走向、管孔数，确定微波通道的走向、宽度和起始点限高要求。应在通信分区规划或通信总体规划的基础上，编制城市详细规划阶段中的通信规划，其编制内容主要包括：①分析研究城市通信规划、通信系统现状，规划区通信设施现状；②预测规划区各类通信需求量；③落实总体规划在规划区内布置的通信设施；④确定规划区通信管道和其他通信设施布置方案；⑤划定规划范围内电台、微波站、卫星通信设施控制保护界线；⑥提出近期建设项目。应符合以下要求：

1. 计算通信负荷，选择和布局规划范围内的通信需求量。

采用预测法分别算出邮政需求量、电话需求量、移动通信系统容量。

2. 确定邮政电信局、所等设施的具体位置、规模；确定通信线路的位置、方式、管孔数、管道埋深等。

邮政局应设在闹市区、居民集聚区、文化旅游区、公共活动场所、大型工矿企业、大专院校所在地，局址要交通便利。

通信线路敷设方式有管道、直埋、架空、水底敷设等方式。

管道宜敷设在人行道下，若在人行道下无法敷设，可敷设在非机动车道下，不宜敷设在机动车道下。管道中心线应与道路中心线或建筑红线平行，管道位置宜与电杆位于道路同侧，便于电缆引上，管道不宜敷设在埋深较大的其他管线附近。

管道埋深不宜小于 0.8m，不超过 1.2m。管道敷设应有一定的倾斜度，管道坡度可为 0.3% ~0.4%，不得小于 0.25%，以利于渗入管内的地下水流向入孔，便于排水。

3. 划定规划范围内电台、微波站、卫星通信设施控制保护线。

电台选址应有安全、卫生、安静的环境，应考虑临近的高压电站、电气化铁道、广播电视、雷达、无线电发射台等干扰源的影响。无线电台址中心距军事设施、机场、大型桥梁等的距离不得小于 5km。天线场地边缘距主干铁路不得小于 1km。

微波站应设置在电视发射台（转播台）内，或人口密集的待建台地区，以保障主要发射台；地质条件要好，站址通信方向近处应较开阔、无阻挡以及无反射电波的显著物体。

微波天线位置和高度必须满足线路设计参数对天线位置和高度的要求。在传输方向的近场区内，天线口面边的锥体张角约 20°，前方净空距离为天线口面直径 10 倍范围内应无树木，房舍和其他障碍物。

4. 估算规划范围内通信线路造价。

5. 电信规划示例

(1）电话量预测

《××控规》规划期末规划区范围内市话主线普及率为40部／百人，固定电话总容量约为1.2万门。

规划新建住宅区的有线电视入户率达到100%。

(2）电话局／所布置

根据城市总体规划，在枣园广场西侧地块设立电信分局，与其他电话局所之间以光缆联系，用地面积0.09hm²。在商业服务中心和文化娱乐中心等人流集聚的场所附近设置一定数量的公用电话亭。

本区固定电话网组织结构：端局——模块局；电话网采用网状结构，使整个片区电话网中的模块端局相连，以这种方式组织的交换网，即：用户——发话端局——受话端局——用户。

(3）电信线路规划

电话电缆由电信分局的电话电缆出线，分别接入各地块的电话交接箱。电话电缆在布置线路时采用管道地埋，而且保留足够地下空间，用以将来发展新的业务，有利于更新与扩容，并减少施工对城市道路和其他管线的破坏（图2-5-5）。

有线电视线路与电话线路同管道敷设，主干线路（24孔）占用其中3~5个管孔，一般线路占用其中1~2个管孔，不再另设管位。

通信管道一般布置在道路西、北两侧的人行道下，距两侧道路红线一般为1~2m，埋深控制在0.8~1.6m。

(4）邮政局／所规划

中心邮政支局按区域设置，服务人口达10万人以上，一般邮政局所的服务半径：人口稠密的城区0.5~1.5km；郊区及新开发地区1.0~3km。服务人口：一般支局3~5万人；邮政所1.5~2万人。

根据本区的人口规模及用地规划，设置1处邮政支局，用地面积为0.07hm²。

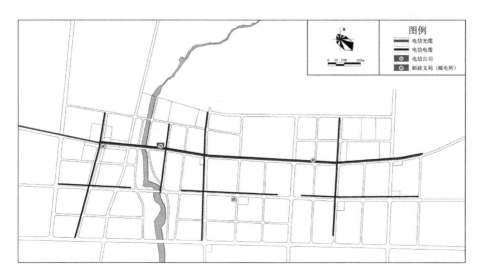

图2-5-5 电信规划
图（××镇区控规）

2.5.5 燃气规划

应调查现状规划区内及周边燃气调压站的等级、供应范围、新扩建计划，调查现状规划区内及周边燃气干管敷设情况及新扩建计划，确定燃气供应源及接入路径。应在燃气分区规划或燃气总体规划的基础上，编制城市详细规划阶段中的燃气规划，其编制内容主要包括：①现状燃气系统和用气情况分析，上一层次规划要求及外围供气设施；②计算燃气用量；③落实上一层次规划的燃气设施；④规划布局燃气输配设施，确定其位置、容量和用地；⑤规划布局燃气输配管网；⑥计算燃气管网管径。

1. 计算燃气用量

居民生活和商业用户用气的高峰系数，应根据该城镇各类用户燃气用量（或燃料用量）的变化情况，编制成月、日、小时用气负荷资料，经分析研究确定。工业企业和燃气汽车用户燃气小时计算流量，宜按每个独立用户生产的特点和燃气用量（或燃料用量）的变化情况，编制成月、日、小时用气负荷资料确定。

$$Q_h = Q_a/n$$

$$n = 365 \times 24/K_m K_d K_h$$

式中　Q_h——燃气小时计算流量（m^3／h）；

Q_a——年燃气用量（m^3／a）；

n——年燃气最大负荷利用小时数（h）；

K_m——月高峰系数，计算月的日平均用气量和年的日平均用气量之比；

K_d——日高峰系数，计算月中的日最大用气量和该月日平均用气量之比；

K_h——小时高峰系数，计算月中最大用气量日的小时最大用气量和该日小时平均用气量之比。

2. 气源与燃气输配管网形制

城镇燃气气源一般包括天然气、液化石油气和人工煤气。

主要干管依据总体规划和分区规划所确定，布置支管，并且要沿路布置。燃气管网要避免与高压电缆平行敷设（表2-5-19）。

3. 规划布局燃气输配设施，确定其位置、容量和用地

城市燃气输配设施主要包括：燃气储配站，主要根据总规确定位置、容量和用地。调压站，调压站供气半径以0.5km为宜，当用户分布较散或供气区域狭长时，可考虑适当加大供气半径。应尽量布置在负荷中心，应避开人流量大的地区，并尽量减少对景观环境的影响。调压站设置时应保证必要的防护距离。

液化石油气瓶装供应站，瓶装供应站主要为居民用户和小型公共建筑服务，供气规模以5000~7000户为宜，一般不超过10000户。当供应站较多时，几个供应站可设一管理所。瓶装供应站站址应选择在供应区域的中心，以便于居民换气。供应半径一般不超过0.5~1.0km。瓶装供应站用地面积一般在

$500 \sim 600m^2$，管理所面积较大的在 $600 \sim 700m^2$。

名称		压力（MPa）
高压燃气管道	A	$2.5 < P \leqslant 4.0$
	B	$1.6 < P \leqslant 2.5$
次高压燃气管道	A	$0.8 < P \leqslant 1.6$
	B	$0.4 < P \leqslant 0.8$
中压燃气管道	A	$0.2 < P \leqslant 0.4$
	B	$0.01 \leqslant P \leqslant 0.2$
低压燃气管道		$P < 0.01$

城镇燃气管道设计压力（表压）分级　　　　　表2-5-19

4. 燃气规划示例

（1）气源规划

为居民供应管道生活燃气，《××控规》规划在镇区北部、枣兴街与新区路交叉口的东北角处建设一处压缩天然气储配站，用地面积为 $2.70hm^2$（图2-5-6）。

（2）燃气指标及燃气负荷

规划范围规划期末气化率为100%，供气对象主要是居民生活用气。

居民人均用气指标确定为2300MJ／人·年，天然气的低热值 $38MJ/N \cdot m^3$，约合 $60N \cdot m^3$／人·日，规划人口3.0万人，则用气 $180N \cdot m^3$／人·日；

公建用户耗气量取居民用户耗气量的35%，则公建用户耗气量为 $60N \cdot m^3$／人·日；

工业用气与生活用气比率为 4：6，则工业用气量为 $270N \cdot m^3$／人·日；

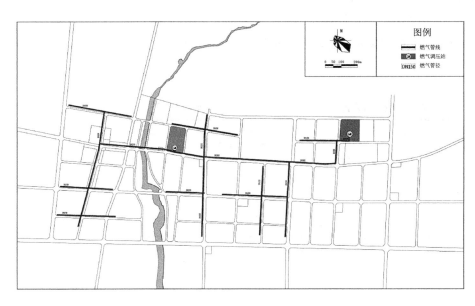

图2-5-6　燃气规划图（××镇区控规）

未预见量按总用气量的 5% 核算，则为 25 N·m³/人·日；

则总用气量约为 540N·m³/人·日。

（3）燃气管网

本次规划的气源种类为天然气，采用区域调压与楼栋调压相结合的方式。天然气的管道配送采用中压供气系统，管网的压力分级为：中压 0.1MPa。

中压管网环状布置，调压方式尽量采用箱式调压器的方式，在楼前设置箱式调压器调压，管道的敷设方式均为埋地敷设。

2.5.6 供热规划

标明规划区热源来源，供热及转换设施的平面位置，规模容量，供热管网等级、走向、管径。应在供热总体规划或供热分区规划的基础上，编制城市详细规划阶段中的供热规划，其编制内容包括：①分析供热现状，了解规划区内可利用的热源；②计算规划范围内热负荷；③落实上一层次规划确定的供热设施；④确定本规划区的锅炉房、热力站等供热设施数量、供热能力、位置及用地面积，布局供热管网；⑤计算供热管道管径，确定管道位置。

1. 热负荷预算

根据热能的最终用途，城市供热工程热负荷可以分为室温调节、生活热水与生产用热三类。用于室温调节的采暖、供冷和通风热负荷，是城市热负荷最主要的组成部分。人们在生活中进行沐浴和清洁器具的生活热水热负荷，有部分为集中供热方式供给。生产用热水主要指用于企业生产的热负荷。

城市规划设计阶段民用热负荷主要为采暖热负荷，特别是冬季的采暖热负荷，采暖热负荷一般采用面积热指标法估算：

$$Q_h = q_h \cdot A \times 10^{-3} \ (kW)$$

式中　Q_h——采暖设计热负荷，（kW）；

　　　q_h——采暖面积热指标，（W/m²）；

　　　A——建筑物的建筑面积，（m²）。

其中采暖热指标可参照《城镇供热管网设计规范》CJJ 34—2010（表2—5—20）。

建筑采暖热指标表（W/m²）　　　　　　　　　　　　表2—5—20

建筑类型	住宅	居住区综合	学校办公	医院托幼	旅馆	商店	食堂餐厅	影剧院展览馆	大礼堂体育馆
未采取节能标准	58~60	60~67	60~80	65~80	60~70	65~80	115~140	95~115	115~165
采取节能标准	40~45	45~55	50~70	55~70	50~60	55~70	100~130	80~105	100~150

注：1. 表中热值适用于我国东北、华北、西北地区；2. 热指标中包括 5% 的热网损失。

2. 规划布局供热设施和供热管网

供热设施主要指热电厂和锅炉房。延续总体规划和分区规划所定。

供热管网布置要尽量避开主要交通干道和繁华的街道，以免给施工和运行管理带来困难。供热管道通常敷设在道路的一边，或是敷设在人行道下面。供热管道穿越河流或大型渠道时，可随桥架设或单独设置管桥，也可采用虹吸管由河底通过。

3. 计算供热管道管径

供热管网管径估算可参照修建性详细规划部分表 2-7-15。

4. 供热规划示例

积极发展城镇集中供热，镇区热化率达到 85% （图 2-5-7）。

(1) 热负荷

××镇区供热只考虑采暖热负荷，供热采暖只考虑居住用地、公共管理与服务用地和商业服务业设施用地。经估算，则需总负荷约为 125MW（表 2-5-21）。

供热负荷预测表　　　　　　　　　表2-5-21

项目	用地面积 (ha)	容积率 (综合)	采暖热指标 (W/m²)	镇区热化率	供热热负荷 (MW)
居住用地	115.24	1.5	60	0.85	88.2
公共管理与服务用地、商业服务业设施用地	43.44	1.2	80	0.85	35.5

(2) 供热系统

供热干管为高温热水管，采用枝状布置，供热回水管同程敷设；管线尽可能靠近负荷区。

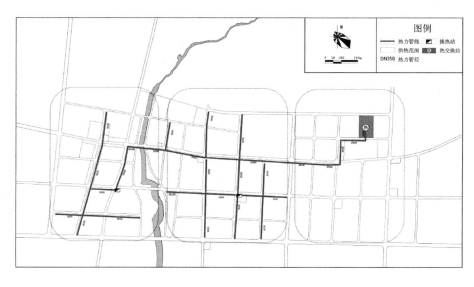

图 2-5-7　供热规划图（××镇区控规）

高温热水通过供热管网被输送到散布在街区的各个热力站，再经过二次热网供各用户取暖。

（3）供热站

在集中市政公用设施用地处，规划建设集中供热站，用地面积 2.14hm²。

根据热用户布局，规划用户换热站两处，每站建筑面积约为 300m²。在未来建设时，应预留热力站的用地面积。考虑换热站设备运行时会产生一定的噪音，在预留换热站用地面积时，尚应预留适当的噪声隔离带。

（4）供热管网

新建热力管网采用地下敷设，可以结合投资情况分别采用地沟敷设或直埋敷设。

所有热力管道均须考虑热补偿，应优先考虑采用自然补偿方式，当自然补偿不能满足要求时，应考虑采用波纹管补偿器或其他符合要求的热力补偿器。

2.5.7 环境卫生规划

调查现状垃圾收集转运站点的服务范围、处理能力、运出后的接纳站点，确定垃圾的运出方向。应在环卫总体规划或环卫分区规划的基础上，编制城市详细规划阶段中的环卫规划，主要内容包括：①估算规划范围内固体废物产量；②提出规划区的环境卫生控制要求；③确定垃圾收运方式；④布局废物箱、垃圾箱、垃圾收集点、垃圾转运点、公厕、环卫管理机构等，确定其位置、服务半径、用地、防护隔离措施等。

其编制内容符合以下要求：

1. 估算规划范围内固体废弃物产量

（1）城市生活垃圾产量

主要有两种方法：一是人均指标法。据统计，目前我国城市人均生活垃圾产量为 0.6~1.2kg 左右。这个数值的变化幅度较大，主要受城市具体条件的影响，比如基础设施齐备的大城市的产量低，而中、小城市的产量高，南方城市的产量比北方城市的产量低。比较世界发达国家城市生活垃圾的产量情况，我国城市生活垃圾的规划人均指标以 0.9~1.4kg 为宜，由人均指标乘以规划的人口数则可得到城市生活垃圾的总量。二是增长率法。由递增系数，利用基准年数据算得规划年的城市生活垃圾总量，见以下公式：

$$W_t = W_0 \ (1+i)^t$$

式中　W_t——规划年城市生活垃圾总量；

　　　W_0——现状年城市生活垃圾总量；

　　　i——年增长率；

　　　t——预测年限。

（2）工业固体废物产量

主要有三种方法：一是单位产品法。即根据各行业的数据统计，得出每单位原料或产品的产废量。二是万元产值法。根据规划的工业产值乘以每万元的工业固体废物产生系数，则得出产量。参照我国部分城市的规划指标，可选用 0.04~0.1t／万元。最好根据历年数据进行推算。三是增长率法。由上述公式计算。根据历史数据和城市产业发展规划，确定了增长率后计算。

2. 环卫设施布置

环卫设施布置包括废物箱、垃圾收集点、垃圾转运站、公厕、环卫管理机构等，确定其位置、服务半径、用地、防护隔离措施。

（1）废物箱

1）废物箱设置间隔距离为：商业大街 25~50m，交通干道 50~80m，一般道路 80~100m。

2）车站、广场、体育场、风景区等公共场所根据人流密度合理设置。废物箱应美观、卫生、耐用、防雨、阻燃。人流量较大的地块，如长途客运站、广场、公园、社会停车场等出入口应设置废物箱。

（2）垃圾收集点

生活垃圾收集点位置应固定，既要方便居民使用、不影响城市卫生和景观环境，又要便于分类投放和分类清运。生活垃圾收集点的服务半径不宜超过 70m，在新建住宅区，一般每四幢楼设一个垃圾收集点，并建造生活垃圾容器间，安置活动垃圾箱。生活垃圾收集点可放置垃圾容器或建造垃圾容器间；市交通客运枢纽及其他产生生活垃圾量较大的设施附近应单独设置生活垃圾收集点。有害垃圾必须单独收集、单独运输、单独处理，其垃圾容器应封闭并应具有便于识别的标志。

（3）垃圾转运站

生活垃圾转运站宜靠近服务区域中心或生活垃圾产量较多且交通运输方便的地方，不宜设在公共设施集中区域和靠近人流、车流集中地区。采用非机动车收运方式时，生活垃圾转运站服务半径宜为 0.4~1.0km；采用小型机动车收运方式时，其服务半径宜为 2~4km；采用大、中型机动车收运时，可根据实际情况确定其服务范围（表 2-5-22）。

垃圾转运站外形应美观，操作应封闭，设备力求先进。其飘尘、噪音、臭气、排水等指标应符合环境监测标准，其中绿化面积为 10%~30%。

垃圾转运站设置标准   表2-5-22

转运量（t/d）	用地面积（m²）	与相邻建筑间距（m）	绿化隔离带宽度（m）
150~450	2500~10000	≥15	≥8
50~150	800~3000	≥10	≥5
<50	200~1000	≥8	≥3

注：1.表内用地面积不包括垃圾分类和堆放作业用地；2.用地面积中包含沿周边设置的绿化隔离带用地。

3. 公厕

公共厕所宜与其他环境卫生设施合建。

（1）公共厕所布局要求：商业区、市场、长途客运站、游乐场所、广场、公园、集贸市场及其他公共场所、居民区应设置公共厕所。公厕布局可采用独立式，也可以与其他建筑合建。独立设置的公厕应避开重要的景观视线，并与相邻建筑物间应设置不小于 3m 宽绿化隔离带。

（2）公共厕所配置标准：根据城市性质和人口密度，城市公共厕所居住区按 3~5 座 /km² 配置，公共服务设施内按 4~11 座 /km² 配置；人均规划建设用地指标低、居住用地及公共设施用地指标偏高的城市、旅游城市及小城市宜偏上限选取。

公厕指标控制表   表2-5-23

用地类型	密度（座/km²）	公厕间距（m）	单座公厕建筑面积（m²）	独立式公厕用地面积（m²）	备注
居住用地	3~5	500~800	30~70	60~120	本区宜取密度的中、低限
公共设施用地	4~11	300~500	50~120	80~170	（1）人流密集区域取高限密度、下限间距，人流稀疏区域取低限密度、上限间距；（2）商业金融业用地宜取高限密度、下限间距；其他公共设施宜取中、低限密度，中、上限间距
其他用地					（1）结合周边用地类别和道路类型综合考虑，若沿路设置，可按以下间距：主干路、次干路为500~800m，支路为800~1000m；（2）公共厕所建筑面积根据服务人数确定；独立式公共厕所用地面积根据公共厕所建筑面积按相应比例确定。

2.5.8　防灾规划

详细规划阶段，需要在规划中落实的防灾内容有：总体规划布置的防灾设施位置、用地；按照防灾要求合理布置建筑、道路，合理配置防灾基础设施。具体包括：①分析城市消防对策和标准，确定各种消防设施通道的布局要求等；②分析防空工程建设原则和标准，确定地下防空建筑设施规划，以及平战结合的用途；③分析城市防洪标准，确定防洪堤标高、排涝泵站位置等；④分析城市抗震指标，确定抗震疏散通道、疏散场地布局；⑤论证城市综合防灾救护建设运营机制，确定生命线系统规划布局。

控制性详细规划的内容与深度应结合实际情况，以是否具有规划依据为准绳，有充分依据的该细化就应该细化。对于不同的城市（镇）以及城市（镇）中的不同地段，规划深度不必统一。

防灾规划主要包括消防规划、防洪规划、人防规划及抗震规划。

1. 消防规划

主要内容包括：提出消防对策，规划消防标准，布置消防站。

在我国，城市消防工作的方针是"预防为主，防治结合"。首先，在城市布局、建筑设计中，采取一系列防火措施，减少和防止火灾灾害；其次，消防队伍、消防设施建设、消防制度和指挥组织机制应健全，保证火灾的及时发现、报警和有效组织扑救。

城市的消防标准，主要体现在建（构）筑物的防火设计上。在城市消防工作中，国家制定的法律、规范、标准是重要的依据。与城市规划密切相关的有关规范有《建筑设计规范》、《高层民用建筑设计防护规范》、《消防站建筑设计规范》、《城镇消防站布局与技术装备标准》等，以下主要介绍有关道路消防要求、建筑消防间距方面的内容。

（1）道路的消防要求

1）当建筑沿街部分长度超过150m或总长度超过220m时，应设穿过建筑的消防车道。

2）沿街建筑应设连接街道和内院的通道，其间距不大于80m（可结合楼梯间设计）。

3）建筑物内开设消防车道，净高与净宽均应大于或等于4m。

4）消防道路宽度应大于3.5m，净空高度不应小于4m。

5）尽端式消防道的回车场尺度应大于等于15m×15m。

6）高层建筑宜设环行消防车道，或沿两长边设消防通道。

7）超过3000座的体育馆、超过2000座的会堂、占地面积超过3000m² 展览馆、博物馆、商场，宜设环行消防车道。

（2）建筑物消防间距

建筑的间距保持也是消防要求的一个重要方面，我国有关规范要求多层建筑与多层建筑的防火间距应不小于6m，高层建筑与多层建筑的防火间距不小于9m，而高层建筑与高层建筑的防火间距不小于13m。

（3）消防站分级

1）一级消防站：拥有6~7辆车辆，占地3000m²；

2）二级消防站：拥有4~5辆车辆，占地2500m²；

3）三级消防站：拥有3辆车辆，占地2000m²。

（4）消防站设置要求

1）在接警5分钟后，消防队可达到责任区的边缘，消防站责任区的面积宜为4km²；

2）1.5万~5万人的小城镇可设1处消防站，5万人以上的小城镇可设1~2处；

3）沿海、内河港口城市，应考虑设置水上消防站；

4）一些地处城市边缘或外围的大中型企业，消防队接警后难以在5分钟内赶到，应设专用消防站；

5）易燃、易爆危险品生产运输量大的地区，应设特种消防站。

（5）消防站布局要求

1）消防站应位于责任区的中心；

2）消防站应设于交通便利的地点，如城市干道一侧或十字路口附近；

3）消防站应与医院、小学、幼托以及人流集中的建筑保持 50m 以上的距离，防止相互干扰；

4）消防站应确保自身的安全，与危险品或易燃易爆品的生产储运设施或单位保持 200m 以上的间距，且位于这些设施的上风向或侧风向。

(6) 消防栓设置要求

1）消防栓的间距应小于或等于120m；

2）消防栓沿道路设置，靠近路口。当路宽大于等于60m 时，宜双侧设置消防栓，消防栓距建筑墙体应大于 50cm。

2．防洪规划

主要包括：提出防洪标准及防洪排涝工程措施。

(1) 防洪标准

城市根据其社会经济地位的重要程度和城（镇）区内城市人口数量分为四等，各等级的防洪标准，应按表2-5-24 的规定确定。

城市防护区的防护等级和防洪标准 表2-5-24

防护等级	重要性	常住人口（万人）	当量经济规模（万人）	防洪标准（重现期：年）
I	特别重要	≥150	≥300	≥200
II	重要	<150，≥50	<300，≥100	100~200
III	比较重要	<50，≥20	<100，≥40	100~50
IV	一般	<20	<40	50~20

市区和近郊区分别单独进行防护的城镇，其近郊区的防洪标准可适当降低。

位于山丘区的城市，当市区分布高程相差较大时，应分析不同量级的洪水可能淹没的范围，根据淹没区的重要程度和非农业人口数量以及主要市区和高程等因素，分析确定其防洪标准。位于平原、湖洼地区，防御持续时间长的江河洪水或湖泊高位水的城市，一般可在表 2-5-25 规定的范围内，取较高的防洪标准。其他设施，如河港、海港、机场、火电厂等可能的城市飞地，参照《防洪标准》GB 50201—2014。

河港主要港区陆域的防护等级和防洪标准 表2-5-25

防护等级	重要性和受淹损失程度	防洪标准（重现期：年）	
		河网、平原河流	山区河流
I	直辖市、省会、首府和重要城市的主要港区陆域，受淹后损失巨大	100~50	50~20
II	比较重要城市的主要港区陆域，受淹后损失较大	50~20	20~10
III	一般城镇的主要港区陆域，受淹后损失较小	20~10	10~5

城市防涝标准可用可防御暴雨的重现期或重现频率表示。对于城市的一般居住区和道路来说，防涝标准可取1年，对于城市中心区、工厂区、仓库区和主干道与广场，防涝标准可取2年左右，特别重要的地区可取3~5年。

（2）防洪堤墙

在城市中心区的堤防工程，宜采用防洪墙，防洪墙可采用钢筋混凝土结构，也可采用混凝土和浆砌片石结构。

堤顶和防洪墙顶标高一般为设计洪（潮）水位加上超高，当堤顶设防浪墙时，堤顶标高应高于洪（潮）水位0.5m以上。

（3）排洪沟与截洪沟

排洪沟是为了使山洪能顺利排入较大河流或河沟而设置的防洪设施，主要是对原有冲沟的整合，加大其排水断面，理顺构造线型，使山洪排泄顺畅。

截洪沟是排洪沟的一种特殊形式。位居山麓坡底的城镇、厂矿区，可在山坡上选择地形平缓，地质条件好的地带；也可在坡脚下修建截洪沟，拦截地面水，在沟内积蓄或送入附近排洪沟中，以防危及城镇安全。

（4）防洪闸

防洪闸指城市防洪工程中的挡洪闸、分洪闸、排洪闸和挡潮闸等。

闸址选择应根据其功能和运用要求，综合考虑地形、地质、水流、泥沙、潮汐、航运、交通、施工和管理等因素比较确定。闸址应选在水流流态平顺，河床、岸坡稳定的河段；泄洪闸宜选在河段顺直或截弯取直的地点；分洪闸应选在被保护城市上游，河岸基本稳定的弯道凹岸顶点稍偏下游处或直段；挡潮闸宜选在海岸稳定地区，以接近海口为宜。

（5）排涝设施

当城市或工矿区所处地势较低，在汛期排水发生困难，以致引起涝灾，可以采取修建排水泵站排水，或者将低洼地填高地面，使水能自由流出。

3．人防规划

（1）城市人防工程建设标准

城市人防规划需要确定人防工程的大致总量规模，才能确定人防设施的布局，预测城市人防工程总量。首先需要确定城市战时留城人口数。一般说来，战时留城人口数约占城市总人口数的30%~40%左右。按人均1~1.5m² 的人防工程面积标准，则可推测出城市所需的人防工程面积。

在居住区规划中，按照有关标准，在成片居住区内应按总建筑面积的2%设置人防工程，或按地面建筑总投资的6%左右进行安排。居住区防空地下室战时用途应以居民掩蔽为主，规模较大的居住区的防空地下室项目应尽量配套齐全。

（2）人防工程设施的布局

1）避开重要军事目标，如军事基地、机场、码头等；

2）避开易燃易爆品生产储运单位和设施，控制距离应大于50m；

3）避开有害液体和有毒气体贮罐，距离应大于100m；

4）人员掩蔽所距人员工作地点不宜大于200m。

4. 抗震

(1) 城市抗震标准

城市的抗震标准即为抗震设防烈度。抗震设防烈度应按国家规定的权限审批、颁发的文件（图件）确定，一般情况下可采用基本烈度。地震基本烈度指一个地区今后一段时期内，在一般场地条件下可能遭遇的最大地震烈度，即现行《中国地震烈度区划图》规定的烈度。我国工程建设从地震基本烈度6度开始设防。抗震设防烈度有6、7、8、9、10几个等级。6度及6度以下的城市一般为非重点抗震防灾城市。6度地震区内的重要城市与国家重点抗震城市和位于7度以上（含7度）地区的城市，都必须考虑城市的抗震问题，编制城市抗震防灾规划。

(2) 城市抗震设施

城市抗震设施主要指避震和震时疏散通道及避震疏散场地。

城市抗震和震时疏散可分为就地疏散、中程疏散和远程疏散。就地疏散指城市居民临时疏散至居所或工作地点附近的公园、操场或其他空旷地；中程疏散指居民疏散至约1~2km半径内的空旷地带；远程疏散指城市居民使用各种交通工具疏散至外地的过程。

(3) 疏散通道

城市内的疏散通道的宽度不应小于15m，一般为城市主干道，通向市内疏散场地和郊外旷地，或通向长途交通设施。对于100万人口以上的大城市，至少应有两条以上不经过市区的过境公路，其间距应大于20km。为保证震时房屋倒塌不致影响其他房屋和人员疏散，规定震区城市居民区与公建区的建筑间距（表2-5-26）。

房屋抗震间距要求参考表   表2-5-26

较高房屋高度h（m）	≤10	10~20	>20
最小房屋间距d（m）	12	6+0.8h	14+h

(4) 疏散场地

不同烈度设防区域对于疏散场地的要求也不同，人均避震疏散面积见表2-5-27。

人均避震疏散面积参考表   表2-5-27

城市设防烈度	6	7	8	9
面积（m²）	1.0	1.5	2	2.5

对于避震疏散场地的布局有以下要求：①人远离火灾、爆炸和热辐射源；②地势较高，不易积水；③内有供水设施或易于设置临时供水设施；④无崩塌、地裂与滑坡危险；⑤易于铺设临时供电和通信设施。

3.1　用地划分与编码规划
3.2　各类用地的控制要求
3.3　建筑建造的控制要求
3.4　道路交通的控制要求
3.5　配套设施的控制要求
3.6　其他通用性规定
3.7　城市设计引导与控制
3.8　地块控制图则

3.1　用地划分与编码规划

对规划范围内用地细分标准与原则进行说明，其内容包括划分层次、用地编码系统、细分街坊与地块的原则，不同用地性质和使用功能的地块规模大小标准等。

3.1.1　用地边界划分

1.用地边界的概念

用地边界是用来界定地块使用权属的法律界线，"地块是用地控制和规划信息管理的基本单元，是土地买卖、批租、开发的基本单元。地块标示出了所有的产（用）权关系，精确地记录了城市土地的划拨位置，界定了不同土地所有者或使用者，以及相应的用地性质和开发强度控制，因而界定了每块土地的责、权、利。"通过用地边界的清晰界定，将城市用地划分成各个地块，便于规划控制管理。

※ 注意事项

通常用地边界分为三种类型：

（1）自然边界：如河流、湖泊、山体等；

（2）人工边界：如道路、轨道、高压走廊等；

（3）概念边界：如行政边界线、安全设施防护界限、规划控制线等，其中规划控制线种类较多，包括轨道交通线路及保护控制线、管道运输线路及保护控制线、高压走廊保护控制线、微波通道保护控制线、河流水域的保护控制线、文物保护单位、历史保护街区的绝对保护线和建设控制地带界限、景观、通风廊道控制线等。

2．用地边界的划分原则

确定用地面积与边界不应停留于简单的表面形式上，而应以用地性质规划为基础，综合考虑街坊开发建设管理的灵活性以及小规模成片更新的可操作性等因素，对地块进行合理划分。地块用地边界的划分一般有如下原则：

(1) 严格根据总体规划和其他专业规划、根据用地部门、单位划分地块；

(2) 尽量保持以单一性质划定地块，即一般一个地块只有一种使用性质；

(3) 建议每一个地块有一边和城市道路相邻；

(4) 结合自然边界、行政界线划分地块；

(5) 考虑地价的区位级差；

(6) 地块大小应和土地开发的性质规模相协调，以利于统一开发；

(7) 有利于保护文物古迹和历史街区，对于文物古迹风貌保护建筑及现状质量较好、规划给予保留的地段，可单独划块，不再给定指标；

(8) 规划地块划分必须满足"专业规划线"的要求，专业规划线用于城市基础设施的控制要求，主要有道路红线、河湖水面蓝线、城市绿化绿线、城市基础设施用地黄线、文物古迹保护紫线等；

(9) 规划地块划分应尊重地块现有的土地使用权和产权边界；

(10) 满足标准厂房、仓库、综合市场等特殊功能要求，适应建筑群体组合及城市设计需要；

(11) 地块划分可根据开发方式和管理变化，在规划实施中进一步重组（小地块合并成大地块，或大地块细分为小地块）；

(12) 地块划分规模可按新区和旧城改建区两类区别对待，新区的地块规模可划分的大些，面积控制在 0.5~3ha 左右，旧城改建区地块可在 0.05~1ha 左右，旧城改建中还应考虑合并同性质、同质量建筑的可能性，兼顾街道和消防通道等要求。

地块是规划用地强度赋值的基本单位。在实际项目中，在地块划分时应重点保持用地性质的完整性和协调性、与土地权属相关性以及便于土地出让。

3.1.2 地块编号

地块划分编号的编制是为了给分图则的查询提供索引，主要是表明地块的划分情况和编号，作为分地块图则索引，图纸内容宜简洁明了。在地块编号图中仍然采用图标形式表达每个地块应配置的设施情况，对于需要单独占地且规模较大的设施，应该对应土地利用规划图单独划分地块。

地块编码体系一般由 5 级 10 位码构成，即"综合分区码－分区码－规划编制单元码－图则单元码－地块码"，参见表 3-1-1 某市编码体系。规划编制单元及以上的编码一般由规划部门统一赋予，而图则单元及地块的编码由规划设计单位赋予。一般图则单元及地块编码，按自西北往东南，由西向东，由北向南进行编排。

某市地块编码体系 表3-1-1

编码名称	代码位数	编码原则
综合分区码	2位代码	由大写英文字母缩写作为代码
分区码	1位代码	由小写英文字母作为代码
规划编制单元码	3位代码	XXY作为代码（X为1~9的阿拉伯数字） 其中前两位"XX"作为规划编制单元码 后一位"Y"作为划分次单元时的代码（如无次单元则为0）
图则单元码	2位代码	01~99作为代码
地块码	2位代码	01~99作为代码

在实际项目中，若规划部门无要求，也可自行编码。以 ×× 控规为例，规划采用"街坊－地块"两级规划控制层次进行规划控制和引导；规划范围内规划控制编码由 2 级 6 位码构成，由 ×× 镇拼音首字母 YP 和阿拉伯数字为代码，如 YP01-02，YP01 则代表街坊编号，主要以城市主次干道为界；02 则为地块编号，主要以道路、用地边界为界。规划划分为 9 个街坊 124 个地块，每个街坊控制的用地面积按照用地性质及实际建设情况略有不同，一般在 15~30hm² 左右，工业区适当扩大至 60hm² 左右。

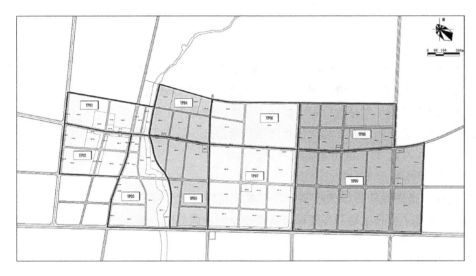

图 3-1-1 用地编码规划图（×× 镇区控规）

3.2 各类用地的控制要求

阐明规划用地结构与规划布局，各类用地的功能分布特征；用地与建筑兼容性规定及适建要求；混合使用方式与控制要求；建设容量（容积率、建筑面积、建筑密度、绿地率、空地率、人口容量等）一般控制原则与要求。

3.2.1 土地使用控制

土地使用控制，即是对建设用地的建设内容、位置、面积和边界范围等方面做出规定，其具体控制内容包括土地使用性质、土地使用兼容性、用地边界和用地面积等。用地边界、用地面积规定了建设用地规模的大小；用地使用性质按《城市用地分类与规划建设用地标准》GB 50137—2011 规定建设用地上的建设内容。土地使用兼容性通过土地使用性质兼容范围的规定或建筑适建要求，规定了用地相容或者混合使用的规划要求，满足了市场变化的需求，同时也对城市规划管理工作提出了新的要求。

1. 用地面积 (Site Area)

用地面积，即建设用地面积，是指由城乡规划行政主管部门确定的建设用地边界线所围合的用地水平投影面积，包括原有建设用地面积及新征（占）建设用地面积，不含代征用地的面积，单位为公顷 (hm^2)，精确度全国各地略有不同，一般为小数点后两位，每块用地不可有重叠部分。用地面积是控制性详细规划中各种规定性指标要素计算的基础。

代征用地是指由城乡规划行政主管部门确定范围，由建设单位代替城市政府征用集体所有土地或办理国有土地使用权划拨手续，并负责拆迁现状地上建构筑物、安置现状居民和单位后，交由市政、交通部门、绿化行政部门等行政单位进行管理的规划市政、道路、绿化以及其他用地，通常有代征道路用地面积、代征绿化用地面积、代征其他用地面积等。

* 注意事项：

在用地面积的计算中，须特别注意用地面积 (Ap) 和征地面积 (Ag) 是有区别的，用地面积是规划用地红线围合的面积，是确定容积率、建筑密度、人口容量所依据的面积，用地面积不包括代征用地面积；征地面积是由土地部门划定的征地红线围合而成，包含用地面积和代征用地面积两部分，显然用地面积小于征地面积，即 Ap ≤ Ag。而代征用地面积 = Ag−Ap。

2. 用地边界 (Land Bordline)

用地边界即用地红线，是对地块界限的控制，具有单一用地性质，应充分考虑产权界限的关系。用地边界是土地开发建设与有偿使用的权属界限，是一系列规划控制指标的基础（表 3-2-1）。

3. 用地性质 (Land Use)

(1) 用地性质的概念

用地性质是对地块主要使用功能和属性的控制。用地性质采用代码方式标注，一般应参考《城市用地分类与规划建设用地标准》GB 50137—2011 的分类方式和代码。在规划实践中，国内许多城市根据国标、结合自身特点提出了具有实际操作意义的、适应地方控制性详细规划和管理需要的分类标准。用地性质包含两方面的意思：①土地的实际使用用途，如绿地、广场等；②附属于土地上的建（构）筑物的使用用途，如商业用地、居住用地等。大部分用地的使用性质需要通过土地上的附属建（构）筑物的用途来体现。

规划控制线一览表	表3-2-1
线形名称	线形作用
红线	道路用地和地块用地界线
绿线	生态、环境保护区域边界线
蓝线	河流、水域用地边界线
紫线	历史保护区域边界线
黄线	城市基础设施用地边界线
禁止机动车开口线	保证城市主要道路上的交通安全和通畅
机动车出入口方位线	建议地块出入口方位、利于疏导交通
建筑基底线	控制建筑体量、街景、立面
裙房控制线	控制裙房体量、用地环境、沿街面长度、街道公共空间
主体建筑控制线	延续景观道路界面、控制建筑体量、空间环境、沿街面长度、街道公共空间
建筑架空控制线	控制沿街界面连续性
广场控制线	控制各种类型广场的用地范围、完善城市空间体系
公共空间控制线	控制公共空间用地范围

（2）用地性质确定的原则

用地性质是一项非常重要的用地控制指标，关系到城市的功能布局形态。用地性质的划分应参照国家标准《城市用地分类与规划建设用地标准》GB 50137—2011（简称《标准》）来确定。《标准》是控制性详细规划用地分类的基本依据，城市用地分类采用大类、中类和小类三个层次的分类体系，城市建设用地共分为 8 大类、35 中类、44 小类，采用字母数字混合型代号，大类采用大写英文字母表示，例如，居住用地为大写的 R，中类和小类各加一位阿拉伯数字表示，如中类的 R1 和小类的 R11。一般根据所在城市规模、城市特征、所处区位、土地开发性质等确定土地细分类别（表 3-2-2）。

具体的确定原则如下：

1）根据城市总体规划、分区规划等上位规划的用地功能定位，确定具体地块的用地性质。

2）当上位规划中确定的地块较大，需要进一步细分用地性质时，应当首先依据主要用地性质的需要，合理配置和调整局部地块的用地性质。

3）相邻地块的用地性质不应当冲突，消除用地的外部不经济性，提高土地的经济效益。

（3）土地使用兼容性

土地使用兼容是确定地块主导属性后，在其中规定可以兼容、有条件兼容、不允许兼容的设施类型。一般通过用地与建筑兼容表实施控制。

1）土地使用兼容表控制

所谓"兼容"，是指某一类性质的用地内允许建、不允许建或经过城乡规划行政主管部门批准后允许建设的建筑项目。为了使控制性详细规划既有"弹

类别代码			类别名称	内容
大类	中类	小类		
			居住用地	住宅和相应服务设施的用地
	R1		一类居住用地	设施齐全、环境良好，以低层住宅为主的用地
		R11	住宅用地	住宅建筑用地及其附属道路、停车场、小游园等用地
		R12	服务设施用地	居住小区及小区级以下的幼托、文化、体育、商业、卫生服务、养老助残设施等用地，不包括中小学用地
R	R2		二类居住用地	设施较齐全、环境良好，以多、中、高层住宅为主的用地
		R21	住宅用地	住宅建筑用地（含保障性住宅用地）及其附属道路、停车场、小游园等用地
		R22	服务设施用地	居住小区及小区级以下的幼托、文化、体育、商业、卫生服务、养老助残设施等用地，不包括中小学用地
	R3		三类居住用地	设施较欠缺、环境较差，以需要加以改造的简陋住宅为主的用地，包括危房、棚户区、临时住宅等用地
		R31	住宅用地	住宅建筑用地及其附属道路、停车场、小游园等用地
		R32	服务设施用地	居住小区及小区级以下的幼托、文化、体育、商业、卫生服务、养老助残设施等用地，不包括中小学用地
A			公共管理与公共服务设施用地	行政、文化、教育、体育、卫生等机构和设施的用地，不包括居住用地中的服务设施用地
	A1		行政办公用地	党政机关、社会团体、事业单位等办公机构及其相关设施用地
	A2		文化设施用地	图书、展览等公共文化活动设施用地
		A21	图书展览用地	公共图书馆、博物馆、档案馆、科技馆、纪念馆、美术馆和展览馆、会展中心等设施用地
		A22	文化活动用地	综合文化活动中心、文化馆、青少年宫、儿童活动中心、老年活动中心等设施用地
	A3		教育科研用地	高等院校、中等专业学校、中学、小学、科研事业单位及其附属设施用地，包括为学校配建的独立地段的学生生活用地
		A31	高等院校用地	大学、学院、专科学校、研究生院、电视大学、党校、干部学校及其附属设施用地，包括军事院校用地
		A32	中等专业学校用地	中等专业学校、技工学校、职业学校等用地，不包括附属于普通中学内的职业高中用地
		A33	中小学用地	中学、小学用地
		A34	特殊教育用地	聋、哑、盲人学校及工读学校等用地
		A35	科研用地	科研事业单位用地
	A4		体育用地	体育场馆和体育训练基地等用地，不包括学校等机构专用的体育设施用地
		A41	体育场馆用地	室内外体育运动用地，包括体育场馆、游泳场馆、各类球场及其附属的业余体校等用地
		A42	体育训练用地	为体育运动专设的训练基地用地
	A5		医疗卫生用地	医疗、保健、卫生、防疫、康复和急救设施等用地
		A51	医院用地	综合医院、专科医院、社区卫生服务中心等用地
		A52	卫生防疫用地	卫生防疫站、专科防治所、检验中心和动物检疫站等用地
		A53	特殊医疗用地	对环境有特殊要求的传染病、精神病等专科医院用地
		A59	其他医疗卫生用地	急救中心、血库等用地

类别代码			类别名称	内容
大类	中类	小类		
A	A6		社会福利用地	为社会提供福利和慈善服务的设施及其附属设施用地，包括福利院、养老院、孤儿院等用地
	A7		文物古迹用地	具有保护价值的古遗址、古墓葬、古建筑、石窟寺、近代代表性建筑、革命纪念建筑等用地。不包括已作其他用途的文物古迹用地
	A8		外事用地	外国驻华使馆、领事馆、国际机构及其生活设施等用地
	A9		宗教用地	宗教活动场所用地
B			商业服务业设施用地	商业、商务、娱乐康体等设施用地，不包括居住用地中的服务设施用地
	B1		商业用地	商业及餐饮、旅馆等服务业用地
		B11	零售商业用地	以零售功能为主的商铺、商场、超市、市场等用地
		B12	批发市场用地	以批发功能为主的市场用地
		B13	餐饮用地	饭店、餐厅、酒吧等用地
		B14	旅馆用地	宾馆、旅馆、招待所、服务型公寓、度假村等用地
	B2		商务用地	金融保险、艺术传媒、技术服务等综合性办公用地
		B21	金融保险用地	银行、证券期货交易所、保险公司等用地
		B22	艺术传媒用地	文艺团体、影视制作、广告传媒等用地
		B29	其他商务用地	贸易、设计、咨询等技术服务办公用地
	B3		娱乐康体用地	娱乐、康体等设施用地
		B31	娱乐用地	剧院、音乐厅、电影院、歌舞厅、网吧以及绿地率小于65%的大型游乐等设施用地
		B32	康体用地	赛马场、高尔夫、溜冰场、跳伞场、摩托车场、射击场，以及通用航空、水上运动的陆域部分等用地
	B4		公用设施营业网点用地	零售加油、加气、电信、邮政等公用设施营业网点用地
		B41	加油加气站用地	零售加油、加气、充电站等用地
		B49	其他公用设施营业网点用地	独立地段的电信、邮政、供水、燃气、供电、供热等其他公用设施营业网点用地
	B9		其他服务设施用地	业余学校、民营培训机构、私人诊所、殡葬、宠物医院、汽车维修站等其他服务设施用地
M			工业用地	工矿企业的生产车间、库房及其附属设施用地，包括专用铁路、码头和附属道路、停车场等用地，不包括露天矿用地
	M1		一类工业用地	对居住和公共环境基本无干扰、污染和安全隐患的工业用地
	M2		二类工业用地	对居住和公共环境有一定干扰、污染和安全隐患的工业用地
	M3		三类工业用地	对居住和公共环境有严重干扰、污染和安全隐患的工业用地
W			物流仓储用地	物资储备、中转、配送等用地，包括附属道路、停车场以及货运公司车队的站场等用地
	W1		一类物流仓储用地	对居住和公共环境基本无干扰、污染和安全隐患的物流仓储用地
	W2		二类物流仓储用地	对居住和公共环境有一定干扰、污染和安全隐患的物流仓储用地
	W3		三类物流仓储用地	易燃、易爆和剧毒等危险品的专用物流仓储用地
S			道路与交通设施用地	城市道路、交通设施等用地，不包括居住用地、工业用地等内部的道路、停车场等用地

类别代码			类别名称	内容
大类	中类	小类		
S	S1		城市道路用地	快速路、主干路、次干路和支路等用地,包括其交叉口用地
	S2		城市轨道交通用地	独立地段的城市轨道交通地面以上部分的线路、站点用地
	S3		交通枢纽用地	铁路客货运站、公路长途客运站、港口客运码头、公交枢纽及其附属设施用地
	S4		交通场站用地	交通服务设施用地,不包括交通指挥中心、交通队用地
		S41	公共交通场站用地	城市轨道交通车辆基地及附属设施,公共汽(电)车首末站、停车场(库)、保养场、出租汽车场站设施等用地,以及轮渡、缆车、索道等的地面部分及其附属设施用地
		S42	社会停车场用地	独立地段的公共停车场和停车库用地,不包括其他各类用地配建的停车场和停车库用地
	S9		其他交通设施用地	除以上之外的交通设施用地,包括教练场等用地
U	U1		公用设施用地	供应、环境、安全等设施用地
			供应设施用地	供水、供电、供燃气和供热等设施用地
		U11	供水用地	城市取水设施、自来水厂、再生水厂、加压泵站、高位水池等设施用地
		U12	供电用地	变电站、开闭所、变配电所等设施用地,不包括电厂用地。高压走廊下规定的控制范围内的用地应按其地面实际用途归类
		U13	供燃气用地	分输站、门站、储气站、加气母站、液化石油气储配站、灌瓶站和地面输气管廊等设施用地,不包括制气厂用地
		U14	供热用地	集中供热锅炉房、热力站、换热站和地面输热管廊等设施用地
		U15	通信用地	邮政中心局、邮政支局、邮件处理中心、电信局、移动基站、微波站等设施用地
		U16	广播电视用地	广播电视的发射、传输和监测设施用地,包括无线电收信区、发信区以及广播电视发射台、转播台、差转台、监测站等设施用地
	U2		环境设施用地	雨水、污水、固体废物处理等环境保护设施及其附属设施用地
		U21	排水用地	雨水泵站、污水泵站、污水处理、污泥处理厂等设施及其附属的构筑物用地,不包括排水河渠用地
		U22	环卫用地	生活垃圾、医疗垃圾、危险废物处理(置),以及垃圾转运、公厕、车辆清洗、环卫车辆停放修理等设施用地
	U3		安全设施用地	消防、防洪等保卫城市安全的公用设施及其附属设施用地
		U31	消防用地	消防站、消防通信及指挥训练中心等设施用地
		U32	防洪用地	防洪堤、防洪枢纽、排洪沟渠等设施用地
	U9		其他公用设施用地	除以上之外的公用设施用地,包括施工、养护、维修等设施用地
G	G1		绿地与广场用地	公园绿地、防护绿地、广场等公共开放空间用地
			公园绿地	向公众开放,以游憩为主要功能,兼具生态、美化、防灾等作用的绿地
	G2		防护绿地	具有卫生、隔离和安全防护功能的绿地
	G3		广场用地	以游憩、纪念、集会和避险等功能为主的城市公共活动场地

性",又不失去控制作用,各地拟定了控制性详细规划土地使用性质兼容表。表中分别列出了控制性详细规划指标中确定的用地性质和可以被兼容的用地性质。表中的"+"表示可以兼容,"-"表示不可以兼容。在城市建设管理工作

中，管理人员可以依据控制性详细规划指标进行管理，也可以按照兼容表的内容，对指标中的用地性质加以改变，这样做可以有效地解决用地性质兼容性的问题，使控制性详细规划具有一定的"弹性"。在按照兼容表改变用地性质时，其他的控制指标不应改变。

用地兼容关系是对各类用地的使用进行定性控制的基本依据，也具有通则意义。将各种机构、建筑、社会服务和市政设施分为一定数量的种类，确定这些建筑、设施在各类用地上允许建设、不允许建设或有条件允许建设的关系。

2）土地使用兼容的原则

①与总体规划用地布局一致，维护城市用地结构的完整和稳定；

②与用地的开发强度相符合，与公共设施和市政设施的负荷能力相适应；

③满足城市空间形态和景观的要求；

④促进相关功能建筑的集中布置；

⑤消除和减低外部不经济性，提高土地经济效益；

⑥减少环境干扰；

⑦确保非营利性设施、市政设施用地不被占用；

⑧保持土地使用的有限灵活性，允许部分建筑、设施混合布置；

⑨设置土地使用兼容时应注意，其宽容度和灵活性以提高应变能力，同时又不和总体规划相违背。就具体分类，各地应从实际出发具体对待，不强求一致。

建设用地兼容一览表 　　　　　　　　　表3-2-3

用地性质 建筑项目	居住用地 (R2)	公共管理与公 共服务用地 (A)	商业服务业设 施用地 (B)	工业用地 (M²)	市政公用 设施 (U)	绿地	
						G1	G2
底层独立式住宅	○	▲					
多层住宅、其他 低层住宅	▲						
高层住宅	▲						
单身宿舍	▲			○			
中小学、托幼	▲						
小区商业服务设施	▲	○	▲				
小区行政管理设施（居委会、派 出所等）	▲	○					
小区体育设施	▲					○	
小区文化设施（活 动站、文化馆）	▲						
小区市政公用设施	▲	○	○	▲	○	○	○
小区日用品修 理、加工场	▲		○				
小区农贸市场	▲		○				

用地性质 建筑项目	居住用地 (R2)	公共管理与公 共服务用地 (A)	商业服务业设 施用地 (B)	工业用地 (M²)	市政公用 设施 (U)	绿地	
						G1	G2
小商品市场	○		▲				
小区医疗、卫生 设施	▲			○			
小区以上级（居 住区级、市级） 行政管理设施	○	▲					
小区以上级（同 上）商业、服务 设施	○		▲				
小区以上级（同 上）文化设施	▲						
小区以上级（同 上）娱乐设施	▲						
小区以上级（同 上）体育设施	▲						
小区以上级（同 上）医疗、卫生 设施	▲						
特殊医院	○						
一般办公机构	○	▲	○				
一般旅馆	○		▲				
旅游旅馆	○		▲				
商住综合楼	▲		○				
高等院校、大中 专院校	○						
职业、技工、成 人、业余学校	○						
科研设计机构	▲						
社会停车场、库	▲	▲	▲	▲	○	▲	
加油站	○		○		▲		▲
农、副、水产品 批发市场			▲				
汽车修理、保养 场					▲		
客、货运公司站 场				▲	▲		
施工维修设施及 废品场					▲		
污水处理厂、火 葬场、垃圾场				○	▲		

用地性质 建筑项目	居住用地 (R2)	公共管理与公 共服务用地 (A)	商业服务业设 施用地 (B)	工业用地 (M2)	市政公用 设施 (U)	绿地	
						G1	G2
其他市政公用设施					▲		
对环境基本无污 染的工厂							
对环境有轻度污 染的工厂							
普通仓库							
危险品仓库							
特殊教育设施							

注：▲允许设置（无限制条件），○可以设置（有限制条件）

3.2.2　环境容量控制

环境容量控制即是为了保证良好的城市环境质量，对建设用地能够容纳的建设量和人口聚集量作出合理规定。其控制指标主要包括：容积率、建筑密度和绿地率三项，相应延伸的指标还有空地率、人口密度和人口容量等。

城市环境容量主要分为城市自然环境容量和城市人工环境容量两方面。城市自然环境容量主要表现在日照、通风、绿化等方面。建筑密度、容积率过高、绿化率过低，建筑物过密过挤，容易造成日照不足、通风不畅、绿地过少、视线干扰等问题，超出城市自然环境容量，使城市的自然环境质量下降。而适当调整规划的控制指标，控制开发建设强度，对于解决上述问题，改善城市自然环境较为有利。城市人工环境容量主要表现在市政基础设施和公共服务设施的负荷状态上。伴随着城市的高密度聚集而来的往往是人口密度和城市活动强度的提高，给市政基础设施和公共服务设施带来沉重的负担，各种设施超负荷运转，服务质量下降，城市人工环境受到不利的影响。这些问题在一些大城市的中心地区显得尤为突出。

而土地开发强度涉及建设容量和环境容量、交通负荷能力和功能需要等多方面的因素。通过合理的土地开发强度的控制，不但可以保证形成良好的城市空间环境，还可以对投资引导、土地使用效率的提高以及形成合理的城镇结构起到积极的作用。土地开发强度的控制通过容积率、建筑密度和绿地率三项指标来控制。

1. 容积率

容积率又称楼板面积率或建筑面积密度，是衡量土地使用强度的一项指标，英文缩写为 FAR，是地块内所有建筑物的总建筑面积之和 Ar 与地块面积 AI 的比值：$FAR = Ar / AI$（万 m^2 / 万 m^2）。

容积率可根据需要制定上限和下限。容积率的下限保证开发商的利益，可综合考虑征地价格和建筑租金的关系；容积率上限防止过度开发带来的城市基础设施超负荷运行及环境质量下降。

容积率是控制土地开发强度的一项重要指标。出于容积率在规划设计文件中是以指标形式体现的，在城市规划方案和成果中是作为"技术经济评价性指标"来使用的，在城市规划管理中则是一项重要的"控制性指标"，因此容积率是"定量"的；另一方面，由于容积率在规划编制和管理实施中的重要性，如何确定容积率，既涉及与高度控制、建筑间距等其他指标的关系，也涉及规划结构、布局、形态等实体规划，所以容积率的确定又是一项"定性设计"内容。

在一定的建筑密度条件下，容积率与地块的平均层数成正比；同理，在一定的层数条件下，容积率与地块建筑密度成正比。当容积率作为控制土地利用的机制来运转时，就存在楼层与空地的替换关系，即高层建筑用地较低层建筑少。在地块面积保持不变的情况下，容积率指标越高，建筑面积的总量越多，则该地块容纳城市活动的能力也就越大；容积率指标越低，情况就完全相反。由此可见，容积率指标的意义在于它能够比较综合地反映对城市土地进行开发建设的使用强度。

在规划上进行开发强度控制的目的是为了保护城市环境质量，并保证基础设施的合理运行，在管理上的目的是使地方政府管理部门、税收部门以及土地开发投资商有共同的、合理的土地价格核算方法。确定土地使用强度指标（包括容积率）的合理依据是环境和基础设施的承受力以及土地市场的供求关系。

(1) 容积率的确定因素

从总体上来说，容积率的确定与城市的许多因素有关，如规划区总人口、每个人的空间需求、土地的供应能力、基础设施承受能力、交通设施的运输能力和城市景观要求等。

每一层面的容积率制定应该符合上一个层面规划的要求，每一地块容积率算术平方和应该等于城市的平均容积率 FAR。

在控制性详细规划中，合理容积率的确定除了考虑总体规划的要求即不同阶段从宏观上加以考虑外，还要考虑以下因素：

1) 地块的使用性质

不同性质的用地，有不同的使用要求和特点，从建筑单体到群体组合、从空间环境到整体风貌，均呈现出差异，因而开发强度亦不相同，如商场、旅店和办公楼等的容积率一般应高于住宅、学校、医院和剧院等。

以济南市为例，居住用地地上容积率、建筑密度参照表 3-2-4 (a) 确定；商业服务业设施用地地上容积率、建筑密度参照表 3-2-4 (b) 确定；工业用地的容积率、建筑密度根据国家和省有关规定确定；物流仓储用地的容积率、建筑密度参照工业用地实施规划管理。

2) 地块的区位

土地区位效益（土地级差地租）理论在很大程度上支配着城市各项用地的空间安排及土地利用效率与开发强度，由于各建设用地所处区位不同，其交通条件、基础设施条件、环境条件出现差距，从而产生土地级差。如中心区、旧城区、商业区和沿街地块的地价与居住区、工业区的地价相差很大，对建设用地的使用性质、地块划分大小、容积率高低、投入产出的实际效益等产生直接影响。这就决定地块的土地使用强度，应根据其区位和级差地租区别确定。地块的土地使用强度制定是否合理，在经济上是否可行，需要进行房地产开发的经济分析，例如，中央商务区（CBD）的容积率比远离中央商务区的地区要高得多。

济南市地上容积率、建筑密度上限参考值　　　表3-2-4（a）

建筑高度	S<3ha		3ha≤S<20ha		S≥20ha	
	容积率	建筑密度	容积率	建筑密度	容积率	建筑密度
1~3层	0.85	35%	0.8	32%	0.75	30%
4~6层	1.7	28%	1.6	27%	1.5	26%
7~11层	2.4	25%	2.3	25%	2.2	25%
12~18层	3.0	20%	2.8	20%	2.6	20%
≥19层	3.6	20%	3.3	18%	3.0	18%

备注：S—用地面积（ha）。

济南市商业服务业设施用地地上容积率、建筑密度上限参考值　　表3-2-4（b）

建筑高度	S<3ha		S≥3ha	
	容积率	建筑密度	容积率	建筑密度
$H≤15m$	1.8	60%	1.6	55%
$15m<H≤24m$	2.7	50%	2.5	45%
$24m<H≤50m$	4.5	45%	3.6	40%
$50m<H≤100m$	6.0	40%	5.0	35%
$H>100m$	8.0	35%	6.0	35%

备注：S—用地面积（ha），H—建筑高度（m）。

3）地块的基础设施条件

一般来说，较高的容积率需要较好的基础设施条件和自然条件作为支撑，地块的基础设施现状和地基承载力对容积率提出了约束性条件。

4）人口容量

人口容量和容积率是紧密相关的，人口容量高会造成环境拥挤、交通混乱、容量失控等问题，需要以城市交通与基础设施容量指标来控制地块的开发建设强度，既要避免过度开发，也要防止利用不充分。一般来说，较高的容积率能容纳更多的人口，则需要较好的基础设施条件和自然条件。

5）地块的空间环境条件

即与周边空间环境上的制约关系，如建筑物高度、建筑间距、建筑形体、绿化控制和联系通道等。

6）地块的土地出让价格条件

建筑形体、绿化控制即政府希望的土地出让价格，一般情况下，容积率与出让价格成正比，提高地块容积率，可以获得更高的土地出让金，但确定合理的容积率不是单纯地取决于土地出让金，还要考虑多种相关因素，关键在于制定使社会——经济——生态环境协调持续发展的最佳容积率。

7）城市设计要求

将规划对城市整体面貌、重点地段、文物古迹和视线走廊等的宏观城市设计构想通过其具体的控制原则、控制指标与控制要求等来具体体现，应该落实到控制性详细规划多种控制性要求和土地使用强度指标上。

8）建造方式和形体规划设计

不同建造方式和形体规划设计能得出多种开发强度的方案，如低层低密度、低层高密度、多层行列式、多层围合式、自由式、高层低密度和高层高密度，这些均对容积率的确定产生重大影响。

（2）容积率的确定方法

1）环境容量推算法

根据建筑条件、道路交通设施、市政设施、公共服务设施的状况及可能的发展规模和需求，按照规划人均标准推算出可容纳的人口规模及相应的容积率。这种方法是基于环境容量的可行性来制定控制性详细规划指标。

2）人口推算法

根据总体规划对控制性详细规划范围内的人口容量及城市功能的规定，提出人口密度和居住人口的要求；按照各地块的居住用地面积，推算出各地块的居住人数；再根据规划近期内的人均居住建筑面积等，就可推断出容积率。

3）典型试验法和经验推算法相结合

根据规划意图，进行有目的的"形态"规划，计算出相应的规划控制指标，再根据经验指标数据，两者权衡考虑，确定容积率。

4）经济分析方法

根据城市既定的地价水平，通过建立数学模型，对土地的投入产出进行分析，检验开发强度是否合理，从而确定容积率。

（3）容积率一般规定

关于各类用地的容积率的界定，每个城市基本都有管理规定，基本控制容积率最大值。以××镇区控规为例，为了有效地保护××城镇景观风貌，又能保障在开发中具有一定效益，按照《城市居住区规划设计规范》GB 50180—93（2002年版）、《山东省人民政府办公厅关于进一步推进节约集约用地的意见》以及《枣庄市城市规划管理技术规定》（2006）的相关规定，对不同用地性质的容积率按照表3—2—5进行控制，见图3—2—1。

（4）容积率的奖励

由于城市市区内，尤其是建筑密集地段大多为功能综合的组合建筑群，各种交通市政公共设施规模也较大，为促进节约用地，完善配套设施，加速城市建设的社会化进程，应提倡在建筑综合体内统一规划公共停车场站、地下或半地下区域变电站等设施，并对所在用地的建筑容积率予以酌量递补。

用地控制指标一览表 表3-2-5

用地性质			代码	容积率	建筑高度 (m)	建筑密度 (%)	绿地率 (%)
居住用地			R				
其中	二类居住用地		R2	1.2/1.5	24	28	35
公共管理与公共服务用地			A				
其中	行政办公用地		A1	1.0	24	35	30
	教育科研用地		A3				
	其中	中小学用地	A33	1.0	24	35	30
	医疗卫生用地		A5	1.0	24	25	35
商业服务业用地			B				
其中	商业设施用地		B1	1.0~1.2	24	35	30
	商务设施用地		B2	1.8	24	35	30
工业用地			M				
其中	二类工业用地		M2	1.0~1.2	10	35~50	15
交通运输用地			S				
其中	交通场站用地		S4	0.5	10	15	25
公用设施用地			U				
其中	供应设施用地		U1				
	其中	供水用地	U11	0.5	10	25	25
		供电用地	U12	0.5	10	25	25
		通信用地	U15	0.5	10	25	25
	环境设施用地		U2				
	其中	环卫用地	U22	0.5	10	25	25
	安全设施用地		U3				
	其中	消防用地	U31	0.5	24	25	25

注：工业用地建筑密度、容积率为区间值，绿地率为上限值；其他用地建筑密度、容积率为上限值，绿地率为下限值。

另外，在《民用建筑设计通则》GB 50352—2005 中已规定，"当建设单位在建筑设计中为城市提供永久性的建筑开放空间，无条件地为公众使用时，该用地的既定建筑密度和容积率可给予适当提高，且应符合当地城市规划行政主管部门有关规定。"

2. 建筑密度

建筑密度是指规划地块内各类建筑基底面积占该块用地面积的比例，单位：%。建筑密度 =（规划地块内各类建筑基底面积之和 ÷ 用地面积）×100%。与容积率概念相区别的是建筑密度注重的是建筑基底面积。反过来理解就是表示了一个地块除了建筑以外的用地所占的比例，规划控制其上限。建筑密度着重于平面二维的环境需求，保证一定的空地率、绿地率。这一点是十分重要的，它能确保城市的每一个部分都能在一定条件下得到最多的日照、空气和

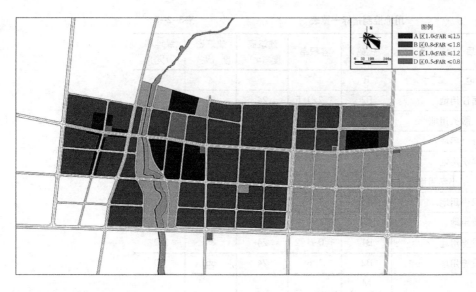

图 3-2-1　用地开发强度控制（××镇区控规）

防火安全，以及最佳的土地利用强度。建筑过密造成街廓消失、空间紧缺，有的甚至损害历史保护建筑。

规划一般控制其上限，必要时可采用下限控制方式，以保证土地集约使用的要求。建筑密度经常用来作为控制土地使用强度的规定性指标，但控制效果一般不太理想。也有学者建议在工业区控制性详细规划编制中应弱化其"刚性"规定，将其作为指导性指标。其实，相对于对土地使用强度的控制，建筑密度作为控制城市空间环境的指导性指标，用来创造和保证城市适宜的开敞空间，确保城市的居民都能在一定条件下享受到最多的阳光、空气和防火安全，更具有指导性意义。

在 ×× 镇区控规中，为了保障土地在提升经济效益的同时，能够具有良好的景观环境，需对地块建筑密度进行控制，具体控制可参考《城市居住区规划设计规范》GB 50180—93（2002 年版）、《山东省人民政府办公厅关于进一步推进节约集约用地的意见》、《枣庄市城市规划管理技术规定》(2006) 的规定，按照表 3-2-5 执行。

3. 绿地率

绿地率是衡量地块环境质量的重要指标，其计算方法是地块内各类绿地面积总和与地块用地面积的百分比，单位：%；绿地率＝（地块内绿化用地总面积 ÷ 地块面积）×100%。

绿地率一般采用下限指标的控制方式（工业仓储用地则是上限）。这里的绿地包括公共绿地、组团绿地、公共服务设施所属绿地和道路绿地（道路红线内的绿地），不包括屋顶、晒台的人工绿地，公共绿地内占地面积不大于1%的雕塑、亭榭、水池等绿化小品建筑可视为绿地。

绿地率的控制可以保证城市的绿化和开放空间，为人们提供休憩和交流的场所。绿地率这一衡量居住环境的重要指标成为管理者、设计师、开发商、购房者关注的重点。新区范围内居住项目的绿地率不应低于30%，旧区范围内居住项目的绿地率不宜低于 25%。而工业用地绿地率一般不超过 15%。

在 ×× 镇区控规中，为了维护 ×× 土地的生态效应以及预留足够的公共空间，城市规划区内各类建筑基地的绿地率须满足《城市居住区规划设计规范》GB 50180—93（2002 年版）、《山东省人民政府办公厅关于进一步推进节约集约用地的意见》、《枣庄市城市规划管理技术规定》（2006）的要求，按照表 3-2-5 执行。

3.3 建筑建造的控制要求

建筑建造控制是对土地上的建筑物布置和建筑物之间的群体关系作出必要的技术规定。其控制内容包括建筑高度、建筑间距、建筑后退等，还包括消防、抗震、卫生、安全防护、防洪等其他方面的专业要求（机场净空、微波通道等）以及城市设计类（体量、形式、色彩等）引导性控制原则与要求。

3.3.1 建筑高度和退界

建筑高度一般指建筑物室外地面到其檐口（平屋顶）或屋面面层（坡屋顶）的高度，单位：m。建筑高度是控制性详细规划指标体系中重要的指标之一，规划一般控制其上限。建筑高度与容积率往往被视为控制性详细规划控制土地使用强度的规定性指标，在控制性详细规划指标中是频繁被调整的一对指标，而且调整幅度较大。而建筑限高是"决定城市形象和城市环境以及合理、有效地利用土地资源的重要因素"。建筑高度的限定应综合考虑地块区位、用地性质、建筑密度、建筑间距、容积率、绿地率、历史保护、城市设计要求、环境要求等因素，并保证公平、公正。建筑限高重点考虑城市景观效果、建筑体形效果之间的关系，保证其可操作性。

建筑后退指在城市建设中，建筑物相对于规划地块边界的后退距离，通常以后退距离的下限进行控制。建筑后退的确定应综合考虑不同道路等级、相邻地块性质、建筑间距要求、历史保护、城市设计与空间景观要求、公共空间控制要求等因素。建筑退界指标的意义在于避免城市建设中建设过于拥挤与混乱，保证必要的安全距离和救灾、疏散通道，保证良好的城市空间和景观环境，预留必要的人行活动空间、交通空间、工程管线布置空间和建设缓冲空间。

1. 规划管理部门一般界定

一般情况下，城市规划管理部门均有关于建筑高度和退后距离的一般界定。

2. 从街道空间角度控制建筑高度

对街道空间的研究，早在芦原义信的《外部空间设计》中就有所体现，主要体现在两个方面：

（1）在之前建筑大师关于人眼以 60°顶角的圆锥为视野范围的研究基础之上，芦原义信分析出当建筑物与视点的距离（D）与建筑高度（H）之比 $D/H=2$、仰角 =27°时，则正可看到建筑全貌。由此可进一步推测，当仰角保持 27°、$D/H<2$ 时，在人眼正常视野范围内将无法看到建筑全貌；而当 $D/H>2$ 时，则能容易地看到。

但在何种情况下，看到建筑全貌，会对该建筑产生积极的效应。在我国民用建筑分为居住建筑与公共建筑，前者更强调私密性，后者则讲求公共性。居住者不希望他人看到自己的私密性空间，而公共性空间则需要通过被人发现而带来人气或经济利益。例如，商场通常在一楼设置橱窗展示以吸引顾客进店观赏，另外也在建筑外部的适当位置张贴广告达到宣传的目的，这一切都是出于希望被他人看到的目的。

（2）当建筑只有孤立一幢时，是雕塑式的、纪念碑式的，在其周围存在着扩散性的空间。当那里再出现一栋建筑，二者之间就开始产生封闭性的相互干涉作用。邻幢间距（D）与建筑高度（H）之间的比值对二者形成的空间会产生不同影响，随着 D/H 比 1 增大，即呈远距离之感；随着 D/H 比 1 减小，则呈紧迫之感；$D/H=1$ 时，建筑高度与间距之间有某种匀质存在，因此 $D/H=1$ 是建筑之间空间构成的临界值。

3. 建筑高度的确定

一般情况下，建筑高度的确定需要满足本城市城乡规划管理办法的要求。另外，在确定建筑高度时，可用确定的容积率和建筑密度进行估算：假设建筑每层建筑面积与基底建筑面积相等，则层数应该等于容积率除以建筑密度，然后再乘以建筑层高，则可估算大体建筑高度。具体层高可根据情况适度调整。

在 ×× 镇区控规中，为了保持镇区的历史风貌，形成层次分明的城市天际轮廓线，规划除了对规划区内建筑高度按照表 3-2-5 进行控制外，对标志性建筑建筑高度也进行了界定（图 3-3-1），为 15~24m。

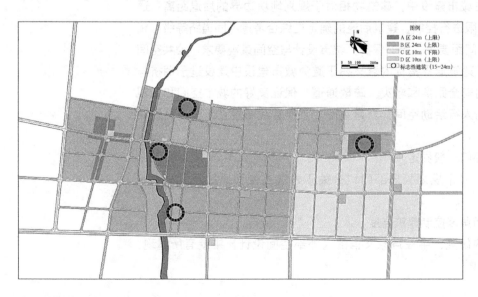

图 3-3-1　建筑高度控制规划图（××镇区控规）

3.3.2 建筑体量、建筑形式与建筑色彩控制

建筑高度、建筑体量、建筑形式与建筑色彩是人们对一栋建筑最直观的感受，城市风貌的协调和特色的营造需要对其进行适当的引导控制，一般可在规划区平面导引图和空间导引图中得以直观体现（图3-3-2，图3-3-3）。

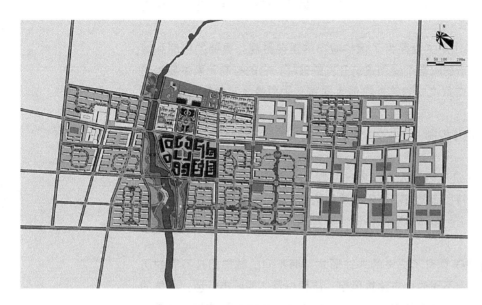

图3-3-2　镇区平面
　　　　　导引规划图

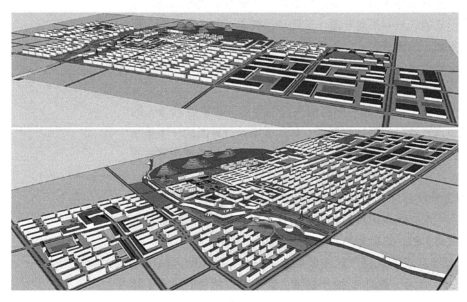

图3-3-3　镇区空间
　　　　　导引规划图

1．建筑体量控制

建筑体量指建筑在空间上的体积，包括建筑的横向尺度、竖向尺度和建筑形体控制等方面，一般采取建筑面宽、平面与立面对角线尺寸、建筑体形比例等提出相应的控制要求和控制指标，一般规定上限。

建筑体量的大小对于城市空间有着很大的影响，同样大小的空间围合，

被大体量的建筑围合和被小体量的建筑围合，给人的空间感受完全不同。另一方面，建筑所处的空间环境不同，其体量大小给人们的感受也不同。大体量建筑在大的空间中给人的感觉不一定大，反之亦然。建筑体量的控制还应考虑地块周边环境的不同，比如临近传统商业街坊，规划若兴建大体量的建筑，一般应运用适当的设计手法，将其"化解"为若干小体量的建筑，使之与周边传统建筑体量相协调。

建筑体量控制的作用主要是为了保护城市的重要景观、重要的视廊和城市天际轮廓线以及城市的肌理不受到建筑开发的破坏。它的控制元素主要为建筑竖向尺度和建筑横向尺度（建筑外墙最大面宽和平面最大对角线尺度），以及建筑的体形处理。

2. 建筑形式和色彩控制

(1) 建筑形式

建筑形式指对建筑风格和外在形象的控制。不同的城市和地段由于不同自然环境、历史文化特征而具有不同的建筑风格与形式；应根据城市特色、具体地段的环境风貌要求、整体风貌的协调性等对建筑形式与风格进行相应的控制与引导。

时代的进步使建筑具有了更多的外在形式，而不同的城市因其不同的历史文化特色，也会产生不同的地方建筑风格。应根据具体的城市特色、具体的地段环境风貌要求，从整体上考虑城市风貌的协调性，对建筑形式与风格进行引导与控制。但建筑形式的统一并不意味着一味强调某种单一的建筑形式，那种严格规定绝对的整齐划一的建筑形式，不仅限制了下一步详细规划和建筑设计的创作和发挥，也使整个城市景观单调乏味。

(2) 建筑色彩

建筑色彩指对建（构）筑物色彩提出的相关控制要求。建筑色彩与人的感知有关，是城市风貌地方特色的保持与延续、体现城市设计意图的一项重要控制内容。一般是从色调、明度与彩度、基调与主色、墙面与屋顶颜色等方面进行控制与引导。

色彩除了对人有生理反应外，同时还具有心理的反应。中国民间每逢喜事喜欢用红颜色来表示，而办丧事则用白颜色或者黑颜色。色彩对人来说是有感情的，或者说是有生命力的，这就是色彩的表现力。

色彩也是人们对城市环境直观感受的主要要素之一，如青岛给人的印象是"青山、绿树、红瓦、蓝天、碧海"。统一协调、富于地方特色的建筑色彩令街道或地区具有动人的魅力。各种类型的建筑，都有相对适合它的建筑形式及色彩。包括居住建筑的色彩、商业建筑的色彩、办公建筑的色彩、景观建筑的色彩、文化建筑的色彩等，它是一个集中的、完整的建筑色彩体系。一个城市的建筑色彩，要受其历史、气候、植被、文化等诸多因素的影响。如北方城市，因其气候寒冷，植被颜色较单一，民风奔放，建筑色彩往往较南方艳丽。伊利尔沙里宁曾经说过："让我看看你的城市，我就能说出这个城市的居民在文化上追求的是什么。"良好的色彩设计正是改善城市面貌，塑造个性魅力行之有效的方法。我国一些城市如武汉、南京、北京等已对城市色彩进行统一规划。在国外一些城市，对户外广告牌的颜色也有特殊规定。如在巴黎香榭丽舍大街，麦当劳的"M"标志是白色的，是因为在这条街不允许使用黄颜色。

建筑色彩一般从色调、明度和彩度上提出控制引导要求，建筑色彩的控制应分类进行，包括：

1）建筑主体的色谱（如场面、墙基、屋顶等主要颜色）；

2）点缀色谱：指与建筑主调相配合的建筑体的其他因素（如门、窗框、栏杆等）；

3）组合色谱：指建筑主体色谱和点缀色谱相配合的谱系。

在××控规中，建筑外墙色调提倡以白色、浅灰色为主调，居住建筑屋面应尽量采用坡屋顶，屋面色彩可采用黑灰色和青灰色、海蓝色等色系。公共建筑可局部使用赭石色、红、黄等鲜艳色彩，总体形成"商住老区深暖淡彩、滨河带雅灰淡彩、城镇核心区白墙黛瓦、台湾工业园浅灰重彩"的色彩格局：商住老区墙面主色调以黄红、红褐、灰褐等暖灰色系为主，并含有少量的浅灰色系，屋顶主色调以褐色系和红色系为主；滨河带结合沙河的滨水景观，规划色彩淡雅明快，墙面主调色以浅灰色系和褐色系为主，屋顶以深灰色系和棕红色系为主；城镇核心区则重在传承建筑文脉，规划墙面色彩以白色、浅灰色系为主，屋顶以灰瓦为主；台湾工业园规划墙面主调色以黄灰色系和浅红褐色系为主，浅灰色系次之，屋顶以棕红色系为主，深灰色系为辅。

3.3.3 建筑空间组合控制

空间组合是指对建筑群体环境做出的控制与引导，即对由建筑实体围合成的城市空间环境及周边其他环境要求提出的控制引导原则。一般通过对建筑空间组合形式、开敞空间和街道空间尺度、整体空间形态等提出具体的控制要求，以形成公共或私密的空间形态。

建筑群体环境的控制引导，即是对由建筑实体围合成的城市空间环境及其周边其他环境要求提出控制引导原则，一般通过规定建筑组群空间组合形式、开敞空间的长宽比、街道空间的高宽比和建筑轮廓线示意等达到控制城市空间环境的空间特征的目的。

建筑组群空间环境控制是指对城市基本空间结构形态控制中的"空间单元"的细化控制，是直接对建筑形态环境控制所规定的上层次的控制要求。这里的控制主要针对空间整合单元，即是由若干的城市空间基本单元围绕共同核心，且内部无城市主次干道穿越的更高层次的空间单元，其控制要素包括：总体形态、核心、出入口、路径、体量分布、建筑空间组合模式（独立式、围合式、开放式）、界面控制、高度控制等。

1. 总体形态：总体形态是对空间整合单元的建筑限高（高度控制）、高层与低层建筑分布（体量分布）以及标志建筑位置等内容的总体描述和规定。

2．核心：核心是指空间单元的功能、景观的汇集点，多是城市绿地、广场等公共空间。对它的控制内容是确定核心的性质与位置等内容。

3．出入口：即是指空间单元的主要开口，既包括步行的出入口也包括机动交通的出入口。控制时要确定它的合理位置。

4．路径：路径主要指道路和视觉通道。其中对道路的控制要确定人行道的色彩铺装、绿化树种等内容的景观要求，以及限制车速等方面。

5．界面控制：界面控制是根据城市整体空间控制的界面要求确定空间整合单元的重点界面和界面类型及特征。

6．建筑空间组合模式：建筑空间组合模式的确定要依托空间基本单元的功能属性。若空间基本单元为居住功能，其建筑空间组合为围合模式或行列式；若空间基本单元为商业、办公等综合功能，其建筑空间组合宜采取界面式或独立式。由于空间整合单元是由空间基本单元构成，因此空间基本单元的建筑空间组合将会最终影响空间整合单元的整体空间形态。

对建筑空间组合的引导控制，一般可以运用具体图示的方式推荐建筑组群空间组合的形式，规定或推荐开敞空间的长宽比值、街道空间的高宽比值和控制建筑轮廓线起伏示意，从而对城市空间环境进行引导和控制。

3.4 道路交通的控制要求

明确道路交通规划系统与规划结构、道路等级标准，提出（道路红线、交通设施、车行、步行、公交、交通渠化、配建停车等）一般控制原则与要求。

交通活动的控制在于维护正常的交通秩序，保证交通组织的空间，主要内容包括车行交通组织、步行交通组织、公共交通组织、配建停车位和其他交通设施控制（如社会停车场、加油站）等内容。交通组织要求应符合国家和地方的相关规范与标准。控制性详细规划阶段的道路及其设施控制，主要指对路网总体规划、分区规划对道路交通设施和停车场（库）的控制。在主次干道确定的条件下，根据规划用地规模及地块的使用性质，增设各级支路路网，确定规划范围内道路的红线、道路横断面、道路主要控制点坐标、标高、交叉口形式；对交通方式、出入口设置进行规定；对社会停车场（库）进行定位、定量（泊位数）、定界控制；对配建停车场（库），包括大型公建项目和住宅的配套停车场（库），进行定量（泊位数）、定点（或定范围）控制。

3.4.1 交通组织与控制

根据地形条件、用地布局确定经济、便捷的道路系统和断面形式；符合人和车交通分行、机动车与非机动车交通分道要求。合理组织人流、货流、车流，建立高效、持续的交通系统。

1．车行交通组织

车行交通组织是对街坊或地块提出的车行交通组织要求。一般通过出入口数量与位置、禁止开口地段、交叉口展宽与渠化、装卸场地规定等方式提出控制要求。

2.步行交通组织

步行交通组织是对街坊或地块提出的步行交通组织要求。一般包括步行交通流线组织、步行设施（人行天桥、连廊、地下人行通道、盲道、无障碍设计）位置、接口与要求等内容。

3.公共交通组织

公共交通组织是对街坊或地块提出的公共交通组织要求。一般应包括公交场站位置、公交站点布局与公交渠化等内容。公交组织要求应满足公交专项规划的要求。

3.4.2 交通配建设施

1.配建停车位

配建停车位是对地块配建停车位数量的控制，一般采取下限控制方式。

配建停车位的配置标准应符合地方的相关配套标准，没有地方标准的应参照相关国家规范与标准，如在××控规停车位的确定时，则按照《山东省建设项目配建停车泊位设置标准》的要求对地块内停车泊位数量进行了确定，见表3-4-1。

建设项目配建停车指标表　　　　　　　　　　表3-4-1

类　别		单　位	指　标			
			机动车			自行车
			Ⅰ类区域	Ⅱ类区域	Ⅲ类区域	
住宅	别墅	车位/每套		2		—
	≥120m²高档商品房	车位/每套	1.5	1.2	1.0	1.0
	90~120m²普通商品房	车位/每套	1.2	1.0	0.6	1.0
	<90m²普通商品房	车位/每套	0.8	0.6	0.6	1.5
	经济适用房、廉租房（注1）	车位/每套	0.5	0.3	0.2	2.0
办公	行政办公	车位/100m²建筑面积	1.2	0.8	0.6	4.0
	商务办公（注2）	车位/100m²建筑面积	1.2	0.8	0.6	3.0
	其他办公	车位/100m²建筑面积	1.0	0.6	0.4	5.0
商业	大型超市、商业中心注2	车位/100m²建筑面积	1.2	0.8	0.6	10.0
	市场	车位/100m²建筑面积	0.8	0.6	0.5	8.0

类 别		单 位	指 标			
			机动车			自行车
			Ⅰ类区域	Ⅱ类区域	Ⅲ类区域	
商业	其他商业	车位/100m²建筑面积	0.6	0.4	0.3	6.0
	餐饮、娱乐	车位/100m²建筑面积	2.0	1.5	1.0	3.0
旅馆	三星级以上宾馆	泊位/客房	0.6	0.4	0.3	1.0
	其他普通旅馆	泊位/客房	0.4	0.3	0.2	1.0
医院	市级及市级以上医院（注2）	车位/100m²建筑面积	1.0	0.6	0.5	4.0
	其他医院	车位/100m²建筑面积	0.6	0.4	0.2	5.0
文化	博物馆、纪念馆、群艺馆、科技馆、图书馆、展览馆、美术馆	车位/100m²建筑面积	0.6	0.4	0.2	5.0
影剧院	电影院	车位/100座	4.0	2.5	1.0	30.0
	剧院	车位/100座	5.0	3.0	2.0	20.0
体育场馆	一类体育场馆（注3）	车位/100座	3.0	2.0	2.0	30.0
	二类体育场馆	车位/100座	2.0	1.0	1.0	25.0
游览场所	市区公园	车位/100m²游览面积	0.08	0.06	0.04	0.1
	其他公园	车位/100m²游览面积	0.07	0.02	0.02	0.01
学校	大中专院校	车位/100位师生		2.5		40.0
	中学	车位/100位师生		0.5		70.0
	小学	车位/100位师生		0.5		20.0
	幼儿园	车位/100位师生		0.5		5.0
对外交通	火车站、长途汽车客运站、码头	车位/100旅客（平峰日）	3.0	2.0	1.0	3.0
	机场	车位/100旅客（平峰日）		5.0		

注：1. 此类建设项目停车位指标各城市可根据实际情况略微降低；

2. 此类建设项目停车位指标各城市可根据实际情况略微升高；

3. 体育场一类：座位数大于等于15000，二类：座位数小于15000；体育馆一类：座位数大于等于4000，二类：座位数小于4000。

2. 停车场

对社会停车场（库）进行定位、定量（泊位数）、定界控制；对配建停车场（库），包括大型公建项目和住宅的配套停车场（库），进行定量（泊位数）、定点（或定范围）控制。各地块内按建筑面积或使用人数必须配套建设的机动车停车泊位数。

公共停车场用地面积按规划城市人口每人 0.8~1.0m² 计算，其中，机动车停车场每车位用地占 80%~90%，自行车停车场用地占 10%~20%。公共停车场采用当量小汽车停车位数计算。一般地面停车场每车位按 25~30m² 计，地下停车场每车位按 30~35m² 计。公共停车场服务半径，市中心地区不应大于 200m，一般地区不应大于 300m；自行车公共停车场服务半径以 50~100m 为宜。

3. 公共加油站

城市公共加油站服务半径 0.9~1.2km，且以小型为主。

3.5 配套设施的控制要求

配套设施是生产、生活正常进行的保证。配套设施控制即是对居住、商业、工业、仓储等用地上的公共设施和市政设施建设提出定量配置的要求，包括公共设施配套和市政公用设施配套。

在控制性详细规划中，应明确公共设施系统、市政工程设施系统（给水、排水、供电、电信、燃气、供热等）的规划布局与结构，设施类型与等级，提出公共服务设施配套要求，市政工程设施配套要求及一般管理规定；提出城市环境保护、城市防灾（公共安全、抗震、防火、防洪等）、环境卫生等设施的控制内容以及一般管理规定。

3.5.1 公共服务设施设置控制

城市配套设施是城市居民生产、生活中不可缺少的重要物质保障，主要是由政府投资建设完成、为城市及城市居民提供全面服务的公益项目，是构成城市公共服务体系的重要元素。城市配套设施的规划、设施状况反映了城市物质和精神生活水平，而它的分布与组织直接影响到城市的布局结构及市民的生活质量。其中，城市公共配套设施是为满足城市居民日常生活、购物、教育、文化娱乐、游憩、社会活动等需要必须相应设置的各种部门、行业和设施。按照目前比较公认的分类方法，它包括教育、医疗卫生、文化体育、商业服务、行政管理、金融邮电、社区服务及其他设施的配套要求。

公共服务设施的性质可分为公共产品和非公共产品两种基本类型。公共产品与人民生活密切相关，满足人们的基本需要，不能完全市场化，且不管何种档次的居住区都应该配备。非公共产品则可以完全由市场供给和调节，由利益机制驱动，由开发自行安排建设，实行"谁投资、谁受益"的原则。

1. 公共配套设施规划控制方法

（1）定项——需要控制的公共配套设施项目研究

控制性详细规划中对公共配套设施需要具体控制的项目，在国家和地方的标准中都没有明确的说明。设施配套是生产生活进行的保证，即对建设用地内公共设施和市政设施建设提出定量配置要求。设施配套控制应按照国家和地方规范（标准）作出规定。

控制性详细规划中公共配套设施的项目配建标准不能单独以某级居住区公共服务设施配建标准为依据，也不能简单地落实所有按配建标准中列出的项目，应该综合考虑公共服务设施配建标准中的每一项设施，对为了方便居民的使用并能达到一定服务水平的公共配套设施提出控制要求。控制性详细规划中的公共配套设施规划能从城市整体需求出发，根据总体规划和分区规划的要求，结合规划用地及周边的条件，对这些项目进行具体规定。

（2）定量——公共配套设施控制指标研究

从宏观来看，城市公共配套设施配置应遵循市场经济规律，符合社会发展的趋势，符合城市可持续发展的原则，体现政府宏观调控的职能；从配套设施项目的配置及其标准来看，配套项目应有一定的前瞻性，给市场调节留有空间；其标准的确定也应有一定的弹性和操作性，并为今后进一步完善配套留有余地，使配套建设的内容和数量能够满足未来城市进一步发展的要求。

强制性控制项目：主要是指公共配套设施中规模较大，需要单独占地的设施，在控制性详细规划编制中，对其做到"定位、定量、定界"的控制，不得变动。在地块开发建设中，强制性控制项目必须按控制性详细规划中的要求贯彻落实，不得随意变更。

指导性控制项目：指城市配套服务设施中对用地没有要求或者占地规模小、布局较灵活的设施，这些项目的建设会随着设施自身发展以及城市土地开发形式不同而发生变化。在控制性详细规划中对其规模等提出控制要求，对其位置提出指导性建议，其具体落实可根据规划用地的要求灵活安排建设。

（3）定位——公共配套设施控制方式研究

控制性详细规划阶段公共配套设施规划，在明确了应该配置的设施项目和各项设施的配置标准后，应该对设施如何具体落实在城市用地上进行考虑，即对设施的"定位"控制。设施的定位主要包括对地块的选择、单独占地设施用地范围界线的确定以及结合设置设施的适宜位置考虑等。

2. 城市公共服务设施配置要求

市级和区级公共服务设施通常是由市、区等地方政府投资建设，规模较大、建设投资多，其选址、规模和建设时序等在城市总体规划、分区规划的公共服务设施专项规划中得到反映。一般包括高中及其他教育设施、图书馆、体育中心、影剧院、老年福利院、综合医院等。

（1）高中及其他教育设施

高中不属于国家九年义务教育的范畴，而且高中为保证教学质量必须具备相应规模，其占地面积较大，服务半径和服务人口往往超出居住区范畴。因此建议高中应作为必设的公共设施在分区规划层面合理布点并落实用地，在居住区级则作为宜设项目，当周边条件不具备时由居住区实施配建。高中规模不宜低于36班，居住人口不足时可以为30班或24班。36班高中用地一般为3.0hm^2。

其他教育设施如中专、工业技术学校、高等学校的设置不能以人口或土地的比率形式来确定，而应以教育部门的长远规划来确定。中专及工业技术学校的规模可参照中学的上限执行。

（2）图书馆

不同的城市根据人口数量、分区布局有不同的指引标准。《公共图书馆建设标准》（建标108—2008）中规定："新建、改建和扩建的公共图书馆规模，应以服务人口数量和相应的人均藏书量、千人阅览座位指标为基本依据，兼顾服务功能、文献资源数量与品种和当地经济发展水平确定。"公共图书馆分为大型馆、中型馆、小型馆，其建设规模与服务人口数量对应指标见表3-5-1。其选址的要求为：宜位于人口集中、交通便利、环境相对安静、符合安全和卫生及环保标准的区域；应符合当地建设的总体规划及公共文化事业专项规划，布局合理；应具备良好的工程地质及水文地质条件；市政配套设施条件良好。

公共图书馆建设规模与服务人口数量对应指标　　　　　表3-5-1

规模	服务人口（万）
大型	150以上
中型	20~150
小型	20及以下

（3）综合医院

根据《综合医院建设标准》（建标110—2008）规定，综合医院的建设规模，按病床数量可分为200床、300床、400床、500床、600床、700床、800床、900床、1000床九种。新建综合医院的建设规模，应根据当地城市总体规划、区域卫生规划、医疗机构设置规划、拟建医院所在地区的经济发展水平、卫生资源和医疗保健服务的需求状况以及该地区现有医院的病床数量进行综合平衡后确定。综合医院的选址应满足医院功能与环境的要求，院址应选择在患者就医方便、环境安静、地形比较规整、工程水文地质条件较好的位置，并尽可能充分利用城市基础设施，应避开污染源和易燃易爆物的生产、贮存场所。综合医院的选址应充分考虑医疗工作的特殊性质，按照公共卫生方面的有关要求，协调好与周边环境的关系（表3-5-2，表3-5-3）。

综合医院建筑面积指标（m²/床）　　　　　表3-5-2

建设规模	200~300床	400~500床	600~700床	800~900床	1000床
建筑面积指标	80	83	86	88	90

综合医院建设用地指标（m²/床）　　　　　表3-5-3

建设规模	200~300床	400~500床	600~700床	800~900床	1000床
用地指标	117	115	113	111	109

注：当规定的指标确实不能满足需要时，可按不超过11 m²/床指标增加用地面积，用于预防保健、单列项目用房的建设和医院的发展用地。

3. 居住区公共服务设施配置要求

居住区公共服务设施分为行政管理、文化体育、教育、医疗、商业、社区服务、邮政、市政和其他类别。居住区公共服务设施的设置，必须与居住人口规模相对应，其占地及面积依据中华人民共和国国家标准《城市居住区规划设计规范》GB 50180—93（2002 年）规定以及地方规定（表 3-5-4）。

（1）文化体育设施

文化体育设施包括文化活动中心、文化活动站、居民运动场（馆）和居民建设设施四项。

文化设施是由政府投资，向社会开放的公益性文化机构。

体育设施主要指向社会开放的公共活动场所。

（2）教育设施

主要包括高中、初中、小学及幼儿园。在控制性详细规划中高中、初中及小学用地要落实，对于幼儿园则依据地方要求规定，一般不落实用地但在图则上应用符号表示。

中小学安排可依据当地的城市规划编制技术规定设置。

（3）社区服务

主要包括门诊所、卫生站、医院。

（4）商业服务设施

商业运行机制已从计划经济向市场经济转变。据此，应将商业设施的建筑面积纳入指导性指标，通过市场行为进行配置和调节。商业设施的分类宜粗不宜细。餐饮、室内菜场等对居民有影响的设施不应与住宅结合设置。

（5）医疗卫生设施

居住区的行政管理设施配套主要包括街道办事处、派出所、居委会、工商管理及税等。这些设施不需落实用地，只需在图则中用符号表示。街道办事处多与派出所在一起布置，其占地及面积依据中华人民共和国国家标准《城市居住区规划设计规范》GB 50180—93（2002 年版）规定。

4. 公共服务设施的控制指标

城市公共设施的控制指标主要有：千人指标（又可分为人口千人指标、用地面积千人指标、建筑面积千人指标）、建筑规模、用地规模等。

（1）千人指标

千人指标可较为直观地反映开发项目公共服务设施须配套的总量，同时在居住规模不足小区（居住区），需与其他小区（居住区）协调共享公共资源时，千人指标有助于直接量化和平衡各开发商所需承担的建设责任，以保证一定区域内资源的合理配置。对于与人口规模直接相关的公共服务设施，如综合医院、综合文化中心、居住运动场、社区服务中心、托老所等，千人指标是主要的实施依据。

（2）建筑规模总量控制

建立"标准户"的概念，可以将公共设施的建设规模与住宅开发量相关联，

表3-5-4

济南市控制性规划编制居住区公共服务设施配置指引

类别	序号	用地代码、符号	项目名称		一般规模（万m²/处）建筑面积	一般规模（万m²/处）用地面积	服务规模（万人）	居住区	居住小区	配置说明
教育设施	1	Red（高）	普通高中	18班	—	1.60~1.80	<3.5			用地面积18~21m²/座。普通高中宜设24班，30班或36班，每班50座。在人口不足3.5万人的独立地区，宜考虑设置18班普通高中。
				24班	—	2.10~2.50	3.5~4.5	○		
				30班	—	2.70~3.10	4.5~5.5			
				36班	—	3.20~3.70	5.5~6.5			
	2	Rec（初）	初中	18班	—	1.30~1.60	<3			用地面积为15~18m²/座。初中宜设24班，30班或36班，每班50座。初中应按其服务半径均匀布置，市区范围内初中的服务半径不宜大于1000m。在人口不足3万人的独立地区，宜考虑设置18班初中。
				24班	—	1.80~2.10	3~4		○	
				30班	—	2.20~2.70	4~5	●		
				36班	—	2.70~3.20	5~6			
	3	Ree（九）	九年制	27班	—	2.00~2.30	<1.5			用地面积15~17m²/座。新建地区在用地条件允许的前提下，可考虑小学与初中合并，建设九年一贯制学校。九年一贯制学校的服务半径宜控制在1000m范围内。
				36班	—	2.70~3.00	1.5~2	○	○	
				45班	—	3.30~3.80	2~3			
				54班	—	4.00~4.50	3~3.5			
	4	Reb（小）	小学	18班	—	1.10~1.30	<1.5			用地面积14~17m²/座。小学宜设24班，30班或36班，每班45座。小学应按其服务范围内均衡布置，服务半径不宜大于600m，在不足1.5万人的独立地区宜设置18班小学。小学的设置应避免学生上学穿越城市干道和铁路，不宜与商场，市场，公共娱乐场所近邻。公共娱乐场所近邻住宅宜保留一定的间隔。
				24班	—	1.50~1.80	1.5~2		●	
				30班	—	1.80~2.30	2~2.5			
				36班	—	2.20~2.70	2.5~3			
	5	Rea（幼）	幼儿园	6班	—	0.18~0.21	<0.7			幼（托）儿园宜设6班，9班，12班或18班，每班30座。幼（托）儿园应按其服务范围均匀分布，服务半径宜为500m。有独立占地。幼（托）儿园应独立占地。
				9班	—	0.27~0.32	0.7~1		●	
				12班	—	0.36~0.43	1~1.5			
				18班	—	0.54~0.65	1.5~2			
医疗卫生设施	6	C51（⊕）	社区医院	100床	—	1.10~1.20	2~4			用地面积110~120m²/床。市区级或社区级医院可配建500~800床或以上规模的大型综合医院。
				200床	—	2.20~2.40	4~6	○		
	7	Rn2（卫）	卫生站		0.04~0.10	—	1~2		●	卫生站主要开展健康促进、卫生防病、妇幼保健、老年保健、慢性病诊治和常见病诊疗等服务。少于1万人的独立占地的社区服务站，宜与其他非独立占地的社区服务设施组合设置。

类别	序号	用地代码、符号	项目名称	一般规模（万m²/处）		服务规模（万人）	配置级别及要求		配置说明
				建筑面积	用地面积		居住区	居住小区	
文化娱乐设施	8	C36	文化活动中心	0.40~0.60	0.50~0.70	4~6	●		居住区级文化设施人均面积不低于0.1m²。宜配置文化康乐设施、图书阅览设施，并配置专门设置老人活动、青少年活动、儿童活动、图书阅览馆（室）等内容，宜设置多功能厅、电脑室等。规模较大的工业区内应设一处。
	9	Rn2	文化活动站	0.15~0.30	—	1~2		●	居住小区级文化设施人均面积不应不低于0.15m²。宜配置文化康乐、图书阅览、科普宣传、老年人活动、青少年活动及儿童活动等设施。居住人口不足1.0万人应设1处。
商业设施	10	C21	居住区商业设施	—	—	4~6	●		建筑面积400~500m²/千人。宜相对集中布局。独立设置
	11	Rn2	居住小区商业设施	—	—	1~2		●	建筑面积450~550m²/千人。布局应将其噪声和气味对周围环境的影响程度降至最低，宜设置于住宅底层，但应设在独立的出入口。社区菜市场应设在室内，宜设在运输车辆易于进出的相对独立地段，与住宅要有一定的间隔
体育设施	12	C41	体育活动中心	—	1.20~1.80	4~6	○		人均用地面积应不低于0.3m²。宜配置户外健身场地、排球场、篮球场、网球场、羽毛球场、游泳池以及儿童活动场所等
	13	Rn2	体育健身场地	—	0.05~0.15 / 0.15~0.30 / 0.30~0.60	<0.5 / 0.5~1 / 1~2		●	人均用地面积不应低于0.3m²。小区体育活动宜结合住宅绿地或社区文化娱乐中心，设置户外健身场地、篮球场、网球场、羽毛球场、儿童活动场所等设置游泳池。条件许可还宜设置排球场等
福利设施	14	C9	养老院	0.30~0.60	0.50~0.90	—	○		用地面积25~30m²/床。为缺少家庭照顾的老年人提供住及文化娱乐场所
行政管理与服务设施	15	C11	街道办事处	0.15~0.25	—	8~15	○		街道办事处的办公用房宜独立占地，且与居住服务中心和街道劳动保障事务所等组合设置
	16	C11	派出所	0.25~0.30	0.20~0.25	8~15	○		宜结合公安系统内部基层设施建设的有关规划选址
	17	Rn2	居委会	0.01~0.02	—	0.5~1		●	居委会负责社区管理，其办公用房宜与其他非独立占地的社区公共设施组合设置
	18	Rn2	社区服务站	0.005~0.01	—	0.5~1		●	宜设置社区教助，社区的便民利民服务，宜与社区居委会组合设置。其他非独立占地的社区公共设施组合设置

类别	序号	用地代码·符号	项目名称	一般规模（万m²/处）		服务规模（万人）	配置级别及要求		配置说明
				建筑面积	用地面积		居住区	居住小区	
行政管理与服务设施	19	C9	社区服务中心	0.15~0.20	—	8~15	○		宜设置助残、康复保健、家政服务、计划生育宣传咨询、婚姻中介等社会救助和便民利民的服务项目。宜与街道办事处组合设置
	20	U3	邮政支局	0.15	0.20	—	○		邮政支局宜独立占地，便于车辆出入及识别
市政公用设施	21	Rn2	邮政所	0.01~0.015	—	—		●	邮政所应设在人流集中的场所，便于车辆出入及识别。宜与其他非独立占地的公共设施组合设置
	22	Rn2	垃圾收集站	0.005~0.009	0.01~0.015	—		●	每0.1~1km²应设一处垃圾收集站，宜采用分类收集方式，且与周围建筑物的间隔不应小于5m
	23	Rn2	再生资源回收站	0.003~0.01	—	—		●	宜与垃圾收集站或基层环卫管理机构组合设置
	24	Rn2	公共厕所	0.006~0.008	0.006~0.008	0.8~1.5		●	独立式公共厕所与周围建筑物的距离不应小于5m
	25	Rn2	环卫所	0.001~0.002	—	0.8~1.5		●	供工人休息、更衣、沐浴和停放小型车辆、工具等
	26	U41	中水处理站	—	—	—		●	根据中水处理及设置规模及用地
	27	U12	变电所	0.003~0.005	—	—		●	根据专业要求和用地情况支排。每个变电所负荷半径不应大于250m
	28	U12	开闭所	0.02~0.03	≥0.05	—	●		开闭所转供电容量一般控制在7000~10000千伏安
	29	U14	换热站	0.03	—	—	○		建议每个换热站服务面积10万m²以内为宜。大型换热站应充分考虑水力平衡
	30	U13	燃气调压站	0.005	0.01~0.012	—	○		根据燃气调压方式确定调压站规模。若采用中调参考本条设置
	31	U11	供水调压站	0.004~0.006	—	—	○		根据地形及供水方式确定

注：1.表中●为必须设置的项目，○为可选择设置的项目；2.表中Rn中n为居住用地中的一类、二类、三类和四类用地。

以便建构规划管理的基准平台。

(3) 用地控制

在公共服务设施指标体系中，对于用地要求有三种类型：第一类设施由于运行、交通、安全等方面的使用要求必须独立用地，例如学校、医院、居民运动场（馆）、垃圾压缩站等；第二类设施应尽量独立用地，若条件确有困难可以考虑在满足技术要求的前提下与其他用房联合布置，但是应该保证一定的底层面积或场地要求，如卫生服务中心、街道办事处、派出所、社区服务中心等；第三类设施则对用地有专门要求，可以结合其他建筑物设置，如卫生站、居委会、文化活动站等。国标规定的居住区公建用地比例为 15%~25%、居住小区公建用地比例为 12%~22%。考虑到鼓励公共服务设施集约综合布置，从而节约用地，公建用地比例可以适当下调 5%。

3.5.2 市政公用设施设置控制

城市是人口和物质财富聚集的区域，其生存和发展需要城市基础设施的支持，这些基础设施通常情况下包括交通、供电、燃气、通信、给水、排水、防灾、环卫等各项市政设施。在城市规划中，市政设施配套规划属于《城市规划编制办法》规定的除道路交通规划以外的专业规划，在总体规划、控制性详细规划和修建性详细规划三层面规划中的市政设施规划一般解决城市宏观层面基础设施系统的基础布局，完成重要基础设施的基本格局与主干网络，为编制专业规划提供参考依据；在控制性详细规划和修建性详细规划中一般根据上一层次专业规划，完成具体区域内的基础设施配置和支线网络。

市政设施规划及控制与其同一层面的城市规划是一种相互影响与制约的关系，一方面，市政设施是保障城市功能正常运行不可或缺的部分；另一方面，城市重要基础设施对用地布局也存在很大的影响。

除道路相关专项规划，目前市政设施配套包括给水、污水、雨水、电力、电信、燃气、供热、综合防灾等几个方面。

在城市规划中市政设施配套属于工程技术方面的范畴，其规划、设计及控制具有逻辑及量化的特征。市政设施配置的具体工作流程，是从现状分析开始，根据各类需求进行负荷预测，并据此进行市政资源的源头、场站及管网的控制。市政设施配套控制的工作流程如下：

1. 现状资料分析

现状基础资料的收集与分析是市政配套控制工作的基础。根据所收集资料的性质及专业类别，可将其分为自然资料、城市现状与规划资料、专业工程资料等。控制性详细规划中市政配套资料分析的目的，一方面是市政的控制需求与城市建设的现状相适应，另一方面是需要与上一层面，即总体规划和分区规划的市政配套控制进行协调。

2. 源的控制

整个市政设施配套控制的是各种支撑城市正常运转的流的流动，比如能源流（电力、燃气、供热）、水流（自来水、污水、雨水）和信息流（电信）。这些流的源包括各种流入的源头，比如自来水厂、变电站、燃气站等，也包括控制流流出的源头，比如污水处理场（站）、雨污水纳水体或者用地。与总体规划控制整个城市的市政配套源头不同，控制性详细规划中市政配套源头的控制涉及与规划地块相关的特定源的分布、体量及流向等，比如供给地块水源的给水干管位置与走向、变电站的位置、发电量或变电容量，或者排水干管的位置、管径及走向等。

3. 场站控制

场站控制是指市政设施类别及其用地界限的控制。设施类别的控制包括确定各类市政设施的数量和体量，比如电力设施（变电站、配电所、变配电箱）、环卫设施（垃圾转运站、公共厕所、污水泵站）、电信设施（电话局、邮政局）、燃气设施（煤气调气站）、供热设施（供热调压装置）等。用地界限控制指对市政公用工程在地面上构筑物的位置用地范围和周边一定范围内的用地和设施控制要求的引导性规定，用地控制应参照国家标准《城市用地分类与规划建设用地标准》GB 50137—2011，对地块控制到中类和小类。

4. 管线控制

根据市政公用设施规划，将各类市政设施落实到各规划地块中。市政控制中管线规划涉及工程管线的走向、管径、管底标高、沟径等管线要素的确定，以明确各条管线所占空间位置及相互的空间管线，减少建设中的矛盾。

3.6 其他通用性规定

规划范围内的"五线"（道路红线、绿地绿线、保护紫线、河湖蓝线、设施黄线）的控制内容、控制方式、控制标准以及一般管理规定；历史文化保护要求及一般管理规定；竖向设计原则、方法、标准以及一般性管理规定；地下空间利用要求及一般管理规定；根据实际情况和规划管理需要提出的其他通用性规定。

3.6.1 城市五线控制规划

明确对城市五线——市政设施用地控制线（黄线）、绿化控制线（绿线）、水域用地控制线（蓝线）、文物用地控制线（紫线）、城市道路用地控制线（红线）的控制规定。

1. 城市绿线控制要求

在控制性详细规划阶段应当提出不同类型用地的界线、规定绿地率控制指标和绿地用地界线的具体坐标，例图见图2-4-1。城市绿线内的用地不得改作他用，不得违反法律法规、强制性标准以及批准的规划进行开发建设。任何单位和个人不得在城市绿地范围内进行拦河截溪、取土采石、设置垃圾堆场、排放污水以及其他对生态环境构成破坏的活动。

2. 城市紫线控制要求

在编制城市规划时应当划定保护历史文化街区和历史建筑的紫线。国家历史文化名城的城市紫线由城市人民政府在组织编制历史文化名城保护规划时划定。其他城市的城市紫线由城市人民政府在组织编制城市总体规划时划定。划定保护历史文化街区和历史建筑的紫线应当遵循控制范围清晰，附有明确的地理坐标及相应的界址地形图的原则。

3. 城市黄线控制要求

在编制控制性详细规划阶段应当依据城市总体规划，落实城市总体规划确定的城市基础设施的用地位置和面积划定城市基础设施用地界线，规定城市黄线范围内的控制指标和要求，并明确城市黄线的地理坐标。城市黄线一经批准，不得擅自调整。因城市发展和城市功能、布局变化等需要调整城市黄线的，应当组织专家论证，依法调整城市规划，并相应调整城市黄线。调整后的城市黄线，应当随调整后的城市规划一并报批。

城市黄线指重大基础设施及其用地控制界线。主要包括交通运输、燃气、电力、给排水、热力、邮政、通信、消防、防震和防洪等设施用地。本规划主要指电信局、供热站、燃气站、垃圾转运站、污水处理厂、变电站、长途客运站及配套车辆维修保养设施用地的控制范围，见图3-6-1。

4. 城市蓝线控制要求

在控制性详细规划阶段，应当依据城市总体规划划定的城市蓝线规定城市蓝线范围内的保护要求和控制指标，并附有明确的城市蓝线坐标和相应的界址地形图。城市蓝线一经批准，不得擅自调整。因城市发展和城市布局结构变化等原因，确实需要调整城市蓝线的，应当依法调整城市规划，并相应调整城市蓝线。调整后的城市蓝线，应当随调整后的城市规划一并报批。调整后的城市蓝线应当在报批前进行公示，但法律、法规规定不得公开的除外。

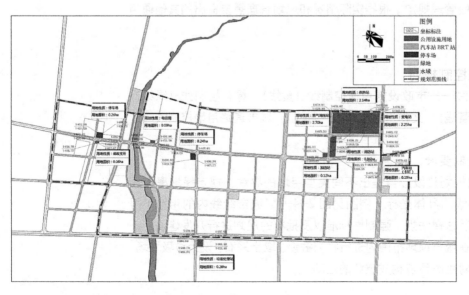

图3-6-1 城市黄线控制规划图（××镇区控规）

城市蓝线是规划确定的河湖水体、湿地的边界、保护范围界线，见图3-6-2。

5.城市红线控制要求

将规划区内的主干道、次干道、支路纳入红线管理，见图3-6-3。道路红线控制范围内经批准可以按规划建设绿化、市政公用设施地上、地下干（管）线、交通管制设施、道路环卫设施；不得建设与市政公用设施无关的杆（管）线和非城市公用的配电设施、通信设施、环卫设施、交通管制设施。严禁在道路红线控制范围内进行挖沙取土等改变地形地貌的活动。临街单位增设或改变出入口位置必须符合城市规划并经城市规划行政主管部门和市政管理部门批准同意。道路红线控制范围内已有建筑应有计划地按照《城市房屋拆迁管理条例》组织拆迁，暂时未动迁的只能维持现状或进行不改变建筑结构、不增加建筑面积的简单维修。

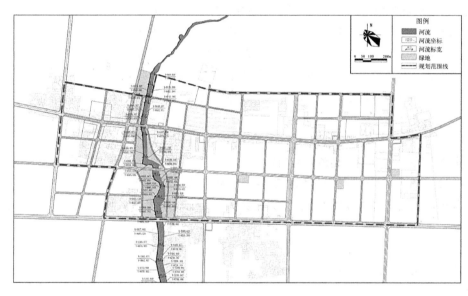

图3-6-2　城市蓝线控制规划图（××镇区控规）

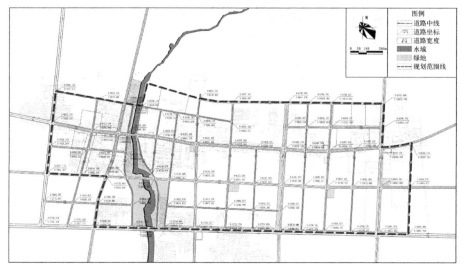

图3-6-3　城市红线控制规划图（××镇区控规）

3.6.2 地下空间利用规划

地下空间是指埋置于地表以下具有一定规模的天然的或人造的空间，或者说"在岩层或土层中天然形成或经人工开发形成的空间"。地下空间也是空间，是土地空间的一个重要部分，是可利用的自然资源。开发利用城市地下空间在一定程度上是对地上空间功能开发的辅助和补充。换言之，就是在城市功能聚集区，将部分设施转入地下，腾出环境良好的地面空间用于人们的日常活动。

城市地下空间规划是城市总体规划的有机组成部分，在宏观上可以和城市发展战略保持一致；在技术上，应该能够使地下空间和地面空间协调发展，协调各种地下设施之间的空间关系、建设序列的关系。确定地下空间的开发功能、开发强度、深度以及规定不宜开发地区等，并对地下空间环境设计提出指导性要求。规划应明确各类地下空间在规划用地范围内的平面位置与界线（特殊情况下还应划定地下空间的竖向位置与界线），表明地下空间用地的分类和性质，表明市政设施、公用设施的位置、等级、规模，以及主要规划控制指标。

《城市地下空间开发利用管理规定》中第五条第二款：各级人民政府在编制城市详细规划时，应当依据城市地下空间开发利用规划对城市地下空间开发利用作出具体规定。第六条：城市地下空间开发利用规划的主要内容包括：地下空间现状及发展预测，地下空间开发战略，开发层次、内容、期限，规模与布局，以及地下空间开发实施步骤等。

1. 地下空间开发利用原则

（1）积极开发利用地下空间，提高土地的利用价值；

（2）可将地下空间的开发利用与人防设施配置需要相结合，做到多功能的整合使用。地下空间的规划首先必须满足地下人防设施实施配套规模和使用规范的需要；

（3）地下空间的开发利用，可结合多功能的需要，将重要相邻地块的地下空间连通，或做好规划预留，为远期利用地下空间奠定基础。

2. 地下空间权属

规划区内地下空间权属如不做相应说明则和地上建筑为同一权属。地块地上部门权属所有者拥有按规定建设的地下空间部门权属。

需要与其他地下空间对接，其对接部门的权属归政府所有。如需要对地下空间权属进行划分的，在该地下空间所在地块的图则中有详细划分与说明。

3. 地下空间建设量

按战时留城人口的40%，人均1.0m^{2}防空地下室的设防标准设防；需使用人员掩蔽工程的人口约5%使用一等人员掩蔽工程，95%使用二等人员掩蔽工程。

各类建筑需按相关固定建设人防工程配套设施，完善人防防灾体系，全面提高和促进园区及城市的整体防护能力。

4. 地下空间控制要求

（1）地下公共人行通道：结合人防地下工程建设，并与地上、地下建筑物密切配合，出入口应考虑人流集散。

（2）地下公共停车车库应方便出入并设置明显的导向标识，并采取必要措施，满足安全、舒适、通风、防火、防护设施以及降低噪音的要求。地下车库宜布置在人行通道及商业设施的下层。

（3）地下城市交通、输油（气）管道、危险品仓库等地下设施及周边用地的开发利用必须重视公用安全与环境安全，满足相关防护距离的要求。

（4）地下人防工事与地面应有便捷的交通联系。独立的防空地下室应设置两个以上出入口，主要出入口应设置在城市支路附近。防空地下室的出入口、进排风口等应结合地面建筑物和周围环境合理布置，有利于防空、排水和隐蔽。

（5）与防空地下室无关的管道，不宜穿过其维护结构，如因条件限制，允许管径小于 70mm 的供水、采暖管道穿越，并应采取防渗措施。

（6）加强地下空间开发利用的规划与管理。市、区对于经营性用途的地下空间应制定有偿使用的有关规定。

3.7　城市设计引导与控制

《城市规划基本术语标准》GB/T 50280—98 将城市设计定义为：对城市体型和空间环境所作的整体构思和安排，贯穿于城市规划的全过程。《中国大百科全书》指出，城市设计是对城市体形环境所进行的设计，城市设计的任务是为人们各种活动创造出具有一定空间形式的物质环境，内容包括各种建筑、市政公用设施，园林绿化等方面，必须综合体现社会、经济、城市功能、审美等各方面的要求，因此也称为综合环境设计。

控制性详细规划层面的城市设计的概念主要为：

1. 在主导价值观上，城市设计是一个多因子共存互动的随机过程，它可以作为一种干预手段对城市产生影响，但不能从根本上解决城市的社会问题。

2. 在城市设计的本质内涵上，城市设计是综合考虑自然环境、人文因素和居民生产、生活的需要，对城市体型和空间环境所作的整体构思和安排，贯穿于城市规划的全过程。

3. 在城市设计的基本定位上，城市设计是我国城乡规划的有机组成部分，城市设计的地位从属于城乡规划，是对城乡规划的深化和补充，城市设计是城乡规划的反馈条件。

4. 在城市设计的职能归属上，城市设计是一种公共政策，具有规划管理的职能。城市设计要控制、引导、管理城市形体的开发方向和提供相应的技术性政策准则。

5. 在城市设计的方法论上，城市设计是个具有综合、动态特征的过程体系。

6. 在城市设计的根本目标上，城市设计的目标是提高城市的环境质量、生活质量和城市景观的艺术水平。城市设计坚持以人为本、可持续发展和生态的基本原则，关注环境的综合效益。

总之，城市设计是控制性详细规划的有机组成部分，它以总体城市设计和城市总体规划或分区规划为依据，以控制和引导微观层面的城市体型和空间环境的各要素来形成城市未来的可能形态为重点；详细制定局部层面和微观层面的城市空间环境要素、建筑形态环境要素及环境设施与小品环境要素的控制与引导准则，并建议城市设计实施措施与步骤，在运作过程中作为反馈条件与控制性详细规划相互作用，彼此协调，最后通过控制性详细规划的转移成为土地使用的外在条件，以完善和强化控制性详细规划的规划设计与管理、规划设计与开发的衔接，并作为城乡规划管理和指导修建性详细规划与景观环境设计开展的依据。

3.7.1　城市设计工作内容

根据城市设计研究，提出城市设计总体构思、整体结构框架，落实上位规划的相关控制内容；阐明规划格局、城市风貌特征、城市景观、城市设计系统控制的相关要求和一般性管理规定。

1. 在现状调研、综合分析的基础上，确定规划设计范围内的空间环境格局、明确空间景观特征的定位及其构成。

2. 提出规划设计地段未来的可能形态和发展方向，确定明确的城市设计目标。

3. 组织、优化和修正控制性详细规划的规划结构基础上的该地段的空间结构，并反馈到控制性详细规划中，使各系统作相应的调整；并规定空间结构的详细控制原则。

4. 确定该地区的城市设计结构：城市的空间结构形态的组织与设计，并反馈到控制性详细规划中。规定空间结构形态及其构成各要素的控制原则。其中要注重意象论的应用，建构城市的景观组织脉络，组织该地区可能的景观轴线、视线通廊、空间景观序列等。

5. 确定规划设计地段的重要节点或地区，深入研究并制定相应深度的控制准则。

6. 确定空间结构形态的构成各要素的详细控制准则，如建筑要素、环境设施要素、公共空间要素、交通组织要素、人文活动要素的控制准则等。

7. 设计导则成果内容要与控制性详细规划的文本和分图图则的内容相协调，让控制准则的内容能够落实到控制性详细规划划定的各地块上。

8. 建议城市设计的分期建设等内容的实施措施，以及制定附加在相应土地使用上的城市设计规定、激励措施以及其他的管理规定。

3.7.2　具体控制与引导要求

城市设计引导是依照美学和空间处理原则，从建筑单体环境和建筑群体环境两个层面对建筑设计和建筑建造提出指导性综合设计要求和建议。建筑单体环境一般包括建筑体量、建筑形式、建筑色彩等内容，还可包括对绿化布置、建筑小品的规定和建议；建筑群体空间环境一般通过对城市开敞空间、街道空间和建筑轮廓线示意等控制和引导城市空间环境。

根据片区特征、历史文化背景和空间景观特点，对城市广场、绿地、滨水空间、街道、城市轮廓线、景观视廊、标志性建筑、夜景、标识等空间环境要素提出相关控制引导原则与管理规定；提出各功能空间（商业、办公、居住、工业）的景观风貌控制引导原则与管理规定。须标明景观轴线、景观节点、景观界面、开放空间、视觉走廊等空间构成元素的布局和边界及建筑高度分区设想；标明特色景观和需要保护的文物保护单位、历史街区、地段景观位置边界。表达城市设计构思与设想，协调建筑、环境与公共空间的关系，突出规划区空间三维形态特色风貌，包括规划区整体空间鸟瞰图，重点地段、主要节点立面图和空间效果透视图及其他用以表达城市设计构思的示意图纸等。

　　1. 绿化系统

　　城市绿地是非常具有活力的城市公共场所。在控制性详细规划研究的城市区段中它是重要的城市环境构成要素，它不但对硬质环境起软化调节的作用，还能够活跃城市环境气氛，也具有保持景观、调节气候的生态作用，同时还为行人提供绿色的活动路径。

　　在控制性详细规划层面城市设计中的绿化系统的设计内容主要包括：首先，对规划范围内的绿地系统进行整体、系统性的层次组织和布局，形成点、线、面相结合、集中与分散有序的绿化网络结构；其次，对绿化网络结构中各要素进行用地安排以及在整体性与连续性的设计原则下，提出有关视觉形式、植物类型等方面的风格特色设计的意向或原则控制要求。

　　2. 城市广场

　　城市广场是现代城市空间中最具公共性、最富魅力、最有活力、也是最能反映都市文明和品位的城市公共场所。对它的设计要坚持整体性原则、尺度适配原则、生态性原则、多样性原则、可达性原则和步行化原则。

　　在控制性详细规划层面城市设计中的城市广场的设计内容主要包括：第一，在整体上确定广场等开敞空间层次组织关系，并与交通、绿化的系统形成脉络结构组织关系。第二，确定各主要广场的性质、形态、规模、尺度、景观特征、文化特征、界面效果、路径组织及必要的发展引导措施。

　　（1）广场空间形态

　　控制性详细规划层面城市设计要对广场的空间形态给予具体的原则性建议，即在总体上根据景观特征以及客观情况等综合因素，建议广场空间形态宜采取平面型或是空间型的形态，并确定平面的适宜形状、空间范围和划定广场的边界。

　　（2）广场空间围合

　　控制性详细规划层面城市设计要综合确定广场的围合程度，建议采用强围合（四面围合、三面围合）或弱围合（两面围合、一面围合）。并明确围合要素特别是建筑要素的朝向、尺度等原则性要求等详细的控制准则。

　　（3）广场尺度

　　广场尺度的处理最关键的是尺度的相对性问题，即广场与周边围合物的匹配关系以及广场与人的观赏、行为活动和使用的尺度配合关系。控制性详细规划层面城市设计要从广场的性质、景观特征、人文活动规模等内容出发综合运用高宽比、长宽比确定广场的尺度关系。

（4）广场景观

广场景观控制由广场设施、地面铺装、绿化配置、夜景照明和广告管制等内容构成。广场的景观特征、文化特征决定了广场的具体景观构成和控制要求。

3. 城市街道

街道空间是分布最广、连续性最强的线性公共空间。它的功能复杂多样，既包括承担交通组织的任务，又为城市居民提供公共活动的场所，同时还是城市公共服务设施的依附载体，是联系城市各个点状空间的路径以及景观元素依存的场所和景观视廊的通道。

针对街道空间的复杂功能和特殊地位，控制性详细规划层面城市设计中要重点处理的内容有：首先，要在控制性详细规划的道路系统规划的基础上，对城市街道进行整体和系统性的层次组织和认知，提出对道路系统的反馈意见，修正并形成城市的街道网络；其次，在此基础上确定各街道的主次关系、定性以及线性景观特征（人行主导的线性景观、车行主导的线性景观或人车混行主导的线性景观）。最后，对已经明确的城市街道又可从以下三个方面加以控制：

（1）街道空间

街道空间包括水平空间和竖向空间构成。竖向空间可由高宽比（或用芦原义信的一次街廓和二次街廓）控制；水平空间主要是指在街道空间中系统地规划组织一些公共开敞空间，它的控制可结合容积率奖励、日光曝光面等综合手段实现。

（2）街道界面

街道界面一般由基座界面、下部界面、中部界面和上部界面构成。重点处理界面的选择受街道的线性景观特征决定。一般而言，人行主导的线性景观要求重点处理基座界面和下部界面；车行主导的线性景观要求重点处理中部界面和上部界面；人车混行主导的线性景观则要对四个界面都要加以处理。

（3）街道景观

街道景观控制一般包括街道断面、街道设施、地面铺装、绿化配置、街道光环境和广告管制等内容构成。街道的线性景观特征同样决定了街道的具体景观构成和控制要求。

4. 城市设计引导示例

在××镇区控规中，利用沿水系布置的公园构建绿色框架，通过对物质形态构成"区域"、"边界"、"路径"、"节点"、"标志"的控制，集中打造核心区、轮廓线、街道、节点、标志点、形象空间形态，构筑充满意蕴及表现力的生态景观镇区。为了强化地区的空间形态和景观风貌的整体性和独特性，确定××镇区为"三条轴线、三类界面、五个核心节点、五个次要节点"的景观风貌结构，重点打造山水轮廓线。

（1）轴线

城镇景观风貌轴线包括主干道路、滨河廊道和开放空间走廊，沿线串接各种景观节点，成为体会和感受城市形态和景观特征的主要途径。

前薛公路街道景观风貌轴线横向贯穿镇区，沿线串连东端的城镇门户节点、中间的城镇中心节点和西端的地区门户节点，道路两侧的形态和景观特征应与车行主导的交通方式相适应。

滨河东路滨河景观风貌轴线，是 ×× 镇最主要的景观街道，沿线串连北端的对景节点、中间的 ×× 中心节点和南端的地区门户节点，沙河及其滨河湿地公园则是整个 ×× 景观风貌结构的重要组成元素。

城镇公共空间轴线串连北端的行政中心、中间的活动中心、商贸中心和南端的绿地中心节点，是城镇形态和景观的最为突出部位。道路两侧的形态和景观特征应与步行主导的交通方式相适应。

（2）界面

基于轴线和节点作为公共开放空间的景观重要性，有必要对于周边或沿线的建筑物实行界面控制，确定开放空间界面的围合程度和风貌特征。

界面的围合程度包括连续度和贴线度二种要求。连续度指开放空间沿线建筑物的连续程度，连续界面要求建筑物（可以是裙房部分）作为开放空间界面，至少有 70% 是连续的。贴线度指开放空间沿线建筑物的外墙落在指定界线上的程度，贴线界面要求建筑物作为开放空间界面，至少有 70% 外墙是落在指定界线上的。既连续又贴线的界面是公共空间的围合程度最高的界面。界面的风貌特征要求开放空间沿线建筑物的顶部，至少有 70% 采取坡顶形式。界面控制分为三种类型。

1）A 型界面（连续／贴线／风貌要求）

前薛公路两侧为 A 型界面，包括连续、贴线和风貌要求。一方面，使前薛公路具有很高的空间围合程度；另一方面，使西部商住老区、中间的城镇新区和东部的台湾工业园具有某些共享的风貌元素，从而在三者之间建立风貌的渗透、过渡和衔接关系。

2）B 型界面（连续／贴线要求）

城镇公共空间轴线两侧为 B 型界面，包括连续和贴线要求，使公共开放空间具有很高的围合程度，能够显示出明确的形态。

3）C 型界面（贴线／风貌要求）

沙河滨河沿线为 C 型界面，包括贴线和风貌要求，除了具有一定的空间围合程度，还使滨河两侧界面之间保持一定的风貌协调关系（图 3-7-1）。

（3）节点

景观节点是城市景观的突出部位，通常位于景观轴线的端部或交汇之处，可以分为门户节点、交汇节点和对景节点，往往需要设置地标建筑或公共开放空间（如广场和绿地）。

1）门户节点

在前薛公路东西两侧和滨河西路南侧，设置 ×× 门户节点。

2）对景节点

利用政府大楼地标性建筑，在东西两侧分别规划建设陵园公园、文化创意园，形成对景节点。

利用公用空间轴线，始点政府大楼和终点××公园建筑小品形成对接节点。

3）交汇节点

在前薛公路与滨河西路、滨河东路、福佑路交叉处口以及滨河东路和福佐路交汇处，设置交汇节点。

（4）轮廓线形态

创意文化公园、沿街商业、××公园、××湿地公园与沙河两侧多层住宅建筑群，打造集绿化、景观、休闲为一体的滨水界面，形成错落有致的滨河轮廓线；镇政府、创意文化公园、陵园公园、枣庄广场和广场两侧多层住宅建筑群，形成若隐若现的子母山轮廓线（图3-7-2，图3-7-3）。

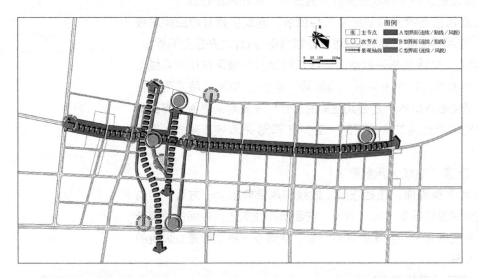

图3-7-1 城市设计
引导规划图（××
镇区控规）

图3-7-2 滨河带城
市设计引导意向图
（××镇区控规）

图 3-7-3 商贸城城
市设计引导意向图
（××镇区控规）

3.8 地块控制图则

表示规划道路的红线位置，地块划分界线、地块面积、用地性质、建筑密度、建筑高度、容积率等控制指标，并标明地块编号。一般分为总图图则和分图图则两种。地块图则应在现状图上绘制，便于规划内容与现状进行对比。图则中应表达以下内容：

1. 地块的区位；

2. 各地块的用地界线、地块编号；

3. 规划用地性质、用地兼容性及主要控制指标；

4. 公共配套设施、绿化区位置及范围，文物保护单位、历史街区的位置及保护范围；

5. 道路红线、建筑后退线、建筑贴线率，道路的交叉点控制坐标、标高、转弯半径、公交站场、停车场、禁止开口路段、人行过街地道和天桥等；

6. 大型市政通道的地下及地上空间的控制要求，如高压线走廊、微波通道、飞行净空限制等；

7. 其他对环境有特殊影响设施的卫生与安全防护距离和范围；

8. 城市设计要点、注释。

分图图则是控制性详细规划成果的具体体现，绘制图纸时需要具备以下方面内容：控制图纸、控制表格、控制导则，此外还包括风玫瑰、指北针、比例尺、图例、图号和项目说明。图则包括一些基本的组成要素，如控制线、坐标标注、其他标注和地块编号等，见图 3-8-1；地块控制指标见表 3-8-1。

表3-8-1

YP-01街坊规划控制表

街坊编码	地块编码	用地代码	用地性质	用地面积(ha)	容积率	建筑密度%	建筑高度(m)	绿地率(%)	出入口方向	停车泊位(辆)	配套设施
YP01	YP01-01	G2	防护绿地	0.28	—	—	—	—	—	—	
	YP01-02	R2	二类居住用地	6.80	1.5	30	≤24	35	W/N/E	1020	文化体育活动站、社区服务中心、综合百货/便民店、卫生站、垃圾转运站（收集点）、储蓄所、开闭所、电信模块局
	YP01-03	A5	医疗卫生用地	1.54	≤1.0	25	≤24	35	E	62	—
	YP01-04	R2	二类居住用地	3.90	1.5	30	≤24	35	W/N/E/S	585	综合百货/便民店、卫生站、垃圾转运站（收集点）、储蓄所、开闭所、电信模块局
	YP01-05	B1	商业设施用地	0.51	1.2	35	≤24	30	S	25	—
	YP01-06	S4	交通场站用地	0.26	—	—	—	—	—	—	—
	YP01-07	B1	商业设施用地	0.48	1.2	35	≤24	30	S	24	—
	YP01-08	G2	防护绿地	0.20	—	—	—	—	—	—	—
	YP01-09	G2	防护绿地	0.14	—	—	—	—	—	—	—
	YP01-10	R2	二类居住用地	0.27	1.5	30	≤24	35	W/E	41	文化体育活动站、社区服务中心
	YP01-11	G2	防护绿地	0.47	—	—	—	—	—	—	—
	YP01-12	E1	河流用地	0.83	—	—	—	—	—	—	—

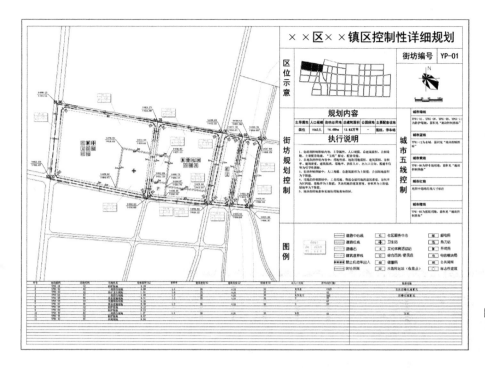

图 3-8-1 YP-01 街坊规划图则（××镇区控规）

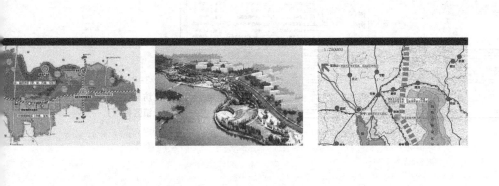

2

模块 2　修建性详细规划

　　本模块以最常见的修建性详细规划居住区规划为主线进行项目流程教学与设计，分为修建性详细规划认知、居住区规划设计两部分，在电子课件中附有一个居住区规划项目。教学单元4主要让读者对修建性详细规划的主要任务、编制内容、编制成果以及编制程序等有清晰的认识；教学单元5则按照居住区规划项目的编制成果要求进行详细讲解，包括居住区的规模、结构与布局形态、居住区用地构成、居住区住宅用地规划设计、公共服务设施用地规划设计、居住区道路系统及停车设施规划设计、居住区绿地规划设计、居住区市政公用工程规划、居住区工程管线综合规划、居住区竖向规划设计和用地平衡与主要技术经济指标。

　　※ 教学重点：

　　教学单元5居住区规划设计，尤其是居住区住宅用地规划设计、公共服务设施用地规划设计、居住区道路系统及停车设施规划设计、居住区绿地规划设计四部分。

4.1　修建性详细规划的主要任务与编制内容

4.1.1　修建性详细规划的主要任务

修建性详细规划是以城市总体规划、控制性详细规划为依据[①]，制订用以指导各项建筑和工程设施的设计和施工的规划设计，是城市详细规划的一种。

根据《城市规划编制办法》的要求，对于当前要进行建设的地区，应当编制修建性详细规划，用以指导各项建筑和工程设施的设计和施工。即修建性详细规划的主要编制任务应是：满足上一层次规划的要求，直接对建设项目做出具体的安排和规划设计，并为下一层次建筑、园林和市政工程设计提供依据。

4.1.2　修建性详细规划的编制内容

根据《城市规划编制办法》，修建性详细规划应当包括下列内容：

1. 建设条件分析及综合技术经济论证。
2. 建筑、道路和绿地等的空间布局和景观规划设计，布置总平面图。
3. 对住宅、医院、学校和托幼等建筑进行日照分析。
4. 根据交通影响分析，提出交通组织方案和设计。
5. 市政工程管线规划设计和管线综合。
6. 竖向规划设计。
7. 估算工程量、拆迁量和总造价，分析投资效益。

4.2　修建性详细规划的成果要求

4.2.1　修建性详细规划的成果要求

修建性详细规划的成果一般为文件和图纸。

1. 修建性详细规划文件为规划设计说明书；

[①] 根据城市规划的深化和管理的需要，一般应当编制控制性详细规划，以控制建设用地性质、使用强度和空间环境，作为城市规划管理的依据，并指导修建性详细规划的编制。

（1）现状条件分析；

（2）规划原则和总体构思；

（3）用地布局；

（4）空间组织和景观特色要求；

（5）道路和绿地系统规划；

（6）各项专业工程规划及管网综合；

（7）竖向规划；

（8）主要技术经济指标，一般应包括：总用地面积；总建筑面积；住宅建筑总面积，平均层数；容积率、建筑密度；住宅建筑容积率，建筑密度；绿地率等；

（9）工程量及投资估算。

2. 修建性详细规划图包括：规划地段现状图、规划总平面图、各项专业规划图、竖向规划图、反映规划设计意图的透视图。图纸比例为 1：2000~1：500。

（1）规划地段位置图。标明规划地段在城市的位置以及和周围地区的关系；

（2）规划地段现状图。图纸比例为 1：2000~1：500，标明自然地形地貌、道路、绿化、工程管线及各类用地和建筑的范围、性质、层数、质量等；

（3）规划总平面图。比例尺同上，图上应标明规划建筑、绿地、道路、广场、停车场、河湖水面的位置和范围；

（4）道路交通规划图。比例尺同上，图上应标明道路的红线位置、横断面，道路交叉点坐标、标高、停车场用地界线；

（5）竖向规划图。比例尺同上，图上标明道路交叉点、变坡点控制高程，室外地坪规划标高；

（6）单项或综合工程管网规划图。比例尺同上，图上应标明各类市政公用设施管线的平面位置、管径、主要控制点标高，以及有关设施和构筑物位置；

（7）表达规划设计意图的模型或鸟瞰图。

4.2.2 济南市居住区修建性详细规划审批成果管理技术规定关于成果的要求

1. 成果要求

居住区修建性详细规划审批成果分为报审成果和报批成果两部分内容。

（1）报审成果主要包括说明书、现状图、规划总平面图、道路交通及竖向规划图、分地块指标控制图、日照分析报告，根据项目的位置和重要程度可增加透视图、模型或动画。

（2）报批成果主要包括说明书、规划总平面图、平面定位图、竖向规划图、分地块指标控制图和工程管线综合规划图。

（3）居住区修建性详细规划的审批成果除符合《济南市居住区修建性详细规划审批成果管理技术规定》外，还应符合《城市居住区规划设计规范》GB 50180—93（2002 年版）等现行有关法律、法规和其他规范性文件和标准的规定。

2. 报审成果的内容和深度要求

(1) 说明书

1) 说明项目背景和基地及其周边的现状情况，包括土地权属情况、历史遗存和古树名木等情况。

2) 分析研究相关规划控制要求以及项目存在的问题和发展机会；明确规划方案的主导思想和设计目标，阐述规划方案的总体构思和规划布局。

3) 附表："规划用地平衡表"、"主要技术经济指标表"、"公共服务设施配建表"、"非配套建筑控制指标表"以及"建筑面积明细表"。

(2) 现状图（图纸比例1：500或1：1000）

1) 在现状地形图上标明项目基地及其周边现状自然地形、地貌、用地性质、道路宽度及名称、该项目及各单位用地范围。

2) 标明各类建筑的平面形式、用途、层数、质量等，并附简要注释说明及图例。

(3) 规划总平面图（图纸比例1：500或1：1000）

1) 在现状地形图上标明各类建筑的平面形式、位置、用途、层数、高度、最小间距、一层室内地坪高程，规划建筑退让各类控制线、组团级以上道路及地界的距离；对规划住宅顶层设置阁楼或跃层的应予标明。

2) 标明规划用地范围、各类建筑控制线、公共绿地范围以及教育、医疗等主要独立占地公共服务设施的用地范围，结合公共服务设施配建表，标明各类公共服务设施的编号、位置和用途。

3) 标明道路红线、立体交叉口用地控制范围、河道、绿地、高压线走廊、文物古迹保护范围等规划控制线，河道、绿化带、高压线走廊以及组团级以上道路的宽度。

4) 标明地面停车场范围及车位布置方式，地下停车库等地下空间的范围、层数以及出入口等。

5) 附"规划用地平衡表"、"主要技术经济指标表"、"公共服务设施配建表"、"非配套建筑控制指标表"、简要注释说明和图例。

(4) 道路交通及竖向规划图（图纸比例1：500或1：1000）

1) 标明组团级以上道路的宽度、中线交叉点和主要变坡点和平曲线拐点的坐标和控制高程，立体交叉口的用地控制范围。

2) 标明各地块主要控制点高程，台阶、挡土墙的位置和控制高程。

3) 标明规划地块的人、车流主要出入口，各类交通设施的用地范围及平面形式。

(5) 分地块指标控制图（图纸比例1：500或1：1000）

1) 在总平面图的基础上，对规划建筑进行编号，结合地块划分情况，对各地块绘制建筑面积明细表。

2) 项目建设用地面积大于10hm^{2}的，应结合用地性质、项目分期实施情况等将用地划分为若干地块，标明各地块范围并编号，并分地块附主要技术经济指标表、公共服务设施配建表以及简要注释说明及图例。

(6) 日照分析报告

编制居住区修建性详细规划应按照《济南市日照分析规划管理暂行规定》、《济南市日照分析技术规程》的要求,委托具有相应资格的规划编制单位编制日照分析报告。

(7) 透视图、模型或动画

视项目所处位置和重要程度的不同,可制作能够表达规划范围内及周边建筑和空间关系的透视图、模型或动画。

3. 报批成果的内容和深度要求

(1) 说明书

内容同报审成果。

(2) 规划总平面图 (图纸比例1 : 500 或1 : 1000)

内容基本同报审成果,不再标注建筑最小间距、退让各类控制线、组团级以上道路及地界的距离、一层室内地坪高程。

(3) 平面定位图 (图纸比例1 : 500 或1 : 1000)

1) 在总平面图的基础上,标明坐标方格网及主要坐标,规划用地范围各转折点坐标。

2) 标明组团级以上道路的宽度,中线交叉点、平曲线拐点坐标,主要平曲线半径及主要道路转弯半径。

3) 标明建筑外轮廓主要尺寸和至少一处拐点坐标,建筑最小间距,建筑退让各类控制线、组团级以上道路及地界的距离等;附简要注释说明及图例。

(4) 竖向规划图 (图纸比例1 : 500 或1 : 1000)

1) 在总平面图的基础上,标明规划建筑外轮廓主要拐点室外高程、一层室内地坪高程;

2) 标明组团级以上道路中线交叉点、变坡点和平曲线拐点的控制高程,主要地形控制点高程,台阶、挡土墙的位置和控制高程;

3) 标明组团级以上道路和主要场地的坡度、坡向、坡长等;附简要注释说明及图例;

(5) 分地块指标控制图 (图纸比例1 : 500 或1 : 1000) 内容同报审成果;

(6) 工程管线综合规划图 (图纸比例1 : 500 或1 : 1000)。

1) 标明各类市政及防灾设施的平面布置,及主要设施的用地范围,各类市政管线的管径、来源及走向;

2) 标明工程管线在地下敷设时的排列顺序和管线间的最小水平距离、最小垂直距离,管线地下敷设的最小覆土深度,各种管线与建筑物和构筑物之间的最小水平距离。

4. 成果标准要求

(1) 承担居住区修建性详细规划编制的单位,应符合国家及济南市规划编制资质的有关规定;规划报审和报批成果均须加盖规划编制资质专用章,居住区修建性详细规划与单体建筑方案一并申报的项目，其单体建筑方案须加盖建筑设计资质和相关注册资格专用章。

（2）规划图纸应清晰准确，图文相符，并在图纸的明显处标注图名、图例、比例尺、风玫瑰、规划编制时间、编制单位等内容。

（3）规划成果图中各类建筑、道路、绿化、用地范围、河湖水面、地面铺装、高压线、停车场（包括地下停车库范围）、地下中水设施、各类配套公用设施等图纸构成要素均须绘制图例。

（4）规划成果图中所有尺寸标注的单位均采用"米"，建筑物标注均为建筑外墙外侧边缘之间的距离，并应在图中加以说明。

（5）规划成果图中各类定位坐标应采用1993年××独立坐标系统，控制高程应采用1985国家高程基准，并应在图中加以说明。

（6）规划地形图均应采用××市测绘部门最新公布的1∶500地形图数据，规划成果电子数据禁止对地形图进行旋转、平移、缩放等任何改变数据地理属性的更改。

（7）建筑面积计算标准

1）居住区修建性详细规划与单体建筑方案同时申报的项目，其建筑面积以单体建筑方案实际建筑面积为准。

2）单独申报居住区修建性详细规划的项目，其住宅建筑面积应按照如下公式进行计算：住宅建筑面积＝住宅标准层建筑面积×（1＋阳台面积系数）×住宅层数＋住宅阁楼或跃层建筑面积。

3）住宅南侧阳台面积系数按不超过4%计，住宅北侧阳台面积系数按不超过3%计，多层住宅屋顶阁楼建筑面积按不超过标准层建筑面积的50%计，中高层、高层住宅屋顶跃层建筑面积按不超过标准层建筑面积的70%计。

（8）当居住配套公建与住宅或非配套公建合建时，其各自用地面积应按建筑面积比例分摊核算。

（9）规划成果中的建筑密度、绿地率、停车率均精确至小数点后一位，间距尺寸标注、定位坐标、高程、用地面积、建筑面积、容积率、住宅建筑面积净密度均精确至小数点后两位。

（10）规划报审图纸应采用彩色表达形式，报批图纸应采用蓝晒形式。规划成果除纸质成果外，均应附电子光盘一份，内容为上述说明书和图纸及动画的电子数据；说明书采用word格式（*.doc），图纸采用CAD格式（*.dwg），图片采用*.jpg格式，动画采用*.avi格式。

4.3 修建性详细规划的编制程序与审定修改

4.3.1 修建性详细规划的编制程序

（1）成立项目组：修建性详细规划可以由有关单位依据控制性详细规划及建设主管部门（城乡规划主管部门）提出的规划条件，委托城市规划编制单位编制。

（2）收集必要规划资料

1）上位规划资料：城市总体规划、控制性详细规划资料以及对本规划地段的要求或规划地块的规划条件；

2）现行规划相应规范、要求；

3）现有场地测量和水文地质资料调查；

4）供水、供电、排污等情况调查；

5）各类建筑工程造价等资料。

（3）根据规范计算出本小区各项规划指标；

（4）确定路网和排水排污体系；

（5）确定需拆除及改造项目，并议定赔偿搬迁方案；

（6）确定活动中心与绿化位置，绘制总平面和竖向设计；

（7）进行主要技术经济指标分析；

（8）编制文本说明；

（9）组织相关专业人员评审；

（10）报规划主管部审批。

4.3.2 修建性详细规划的审定与修改

1. 修建性详细规划的审定

《城乡规划法》规定，城市、县人民政府城乡规划主管部门和镇人民政府可以组织编制重要地块的修建性详细规划。即只有城市、镇的重要地段（如历史文化街区、景观风貌区、中心区、交通枢纽等）可以由政府组织编制，其他地区的修建性详细规划组织编制主体是建设单位。各类修建性详细规划由城市、县人民政府城乡规划主管部门依法负责审定。

2. 修建性详细规划的修改

修建性详细规划的修改，需认识两个方面的因素：①修建性详细规划是控制性详细规划的进一步落实，其修改必须符合控制性详细规划的要求，不得涉及对控制性详细规划内容的修改，否则修改的内容不具有法定效力；②经批准的修建性详细规划在实施或部分实施时，尤其是在出售和设施开始使用后，修建性详细规划必将对相关的人群造成影响。近年来，各地因修建性详细规划修改引发的诉讼不在少数，反映出市民的维权意识不断增强，从而要求城乡规划主管部门在实际工作中，对修改修建性详细规划这项工作要特别慎重，更要防止变相修改依法批准的控制性详细规划的不良倾向。

《城乡规划法》第五十条规定了修改修建性详细规划的程序。经依法审定的修建性详细规划、建设工程设计方案的总平面图不得随意修改；修改法定的修建性详细规划、建筑工程设计方案总平面图的，在符合规划和间距、采光、通风、日照等法规、规范要求的前提下，城乡规划主管部门应当采取听证会等形式，听取相关利害关系人的意见；因修改给利害关系人合法权益造成损失的，应当依法给予利害关系人补偿。

5.1　居住区的规模、结构与布局形态
5.2　居住区用地构成
5.3　居住区住宅用地规划设计
5.4　公共服务设施用地规划设计
5.5　居住区道路系统及停车设施规划设计
5.6　居住区绿地规划设计
5.7　居住区市政公用工程规划
5.8　居住区工程管线综合规划
5.9　居住区竖向规划设计
5.10　用地平衡与主要技术经济指标

　　居住区是指不同居住人口规模的居住生活聚居地和特指被城市干道或自
然分界线所围合，配建一整套完善的、能满足该区居民物质与文化生活所需的
公用服务设施的居住生活聚居地。

5.1　居住区的规模、结构与布局形态

5.1.1　居住区的规模影响因素与分级

　1.居住区规模影响因素

　　居住区的规模同城市规模一样包括人口规模和用地规模两个方面。居住
区作为城市的一个组成单元，往往需要形成一个适当的规模，而这个规模往往
是由以下因素决定的。

　　(1) 公共设施的合理服务半径

　　一些公共设施（商业服务、文化、医疗、教育等设施）的合理服务半径
是影响居住区用地规模的重要因素。所谓合理的服务半径，是指居民到达居住
区级公共服务设施的最大步行距离，一般为 800~1000m，在地形起伏的地区
可适当减少。

　　(2) 城市道路交通方面的影响

　　现代城市交通发展往往需要城市干道之间要有合理的间距，以保证城市
交通的安全，快速和畅通。因而城市干道所包围的用地往往是决定居住区用地
规模的一个重要条件。城市干道的合理间距一般应在 600~1000m 之间，城市
干道间用地一般在 36~100hm^2 左右。

(3) 其他因素

除此之外，居住区规模还受到居民行政管理体制方面、住宅的层数等方面的影响。

2. 居住区的规模分级

为了使居住区具备基本的生活设施，以满足居民的日常生活需要，一般要求住宅的人口或用地达到一定规模。《城市居住区规划设计规范》GB 50180—93（2002年版）规定，居住区按居住户数或人口规模可分为居住区、居住小区和组团三级，各级标准控制规模应符合表5-1-1的规定。

	居住区	居住小区	组团
户数（户）	10000~16000	3000~5000	300~1000
人数（人）	30000~50000	10000~15000	1000~3000

居住区分级控制规模　　　　　　　　　表5-1-1

5.1.2 居住区规划结构的基本形式

居住区规划有各种形式，基本的形式为：以住宅组团和居住小区为基本单位来组织居住区、以居住组团为规划基本单位来组织居住区、以居住小区为规划基本单位来组织居住区（图5-1-1）。

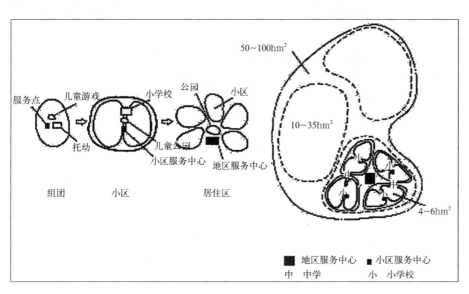

图 5-1-1 居住区规划结构形式图

5.1.3 居住区规划结构的布局形态

布局形态是规划结构的具体表现，但它绝非凭空而产生。规划是为满足人的需要而制定的实施计划，规划的布局形态应以人为本，符合居民生活习俗和行为轨迹，以及管理制度的规律性、方便性和艺术性。

居住区规划结构的布局形态主要有以下几种形式。

1．"中心式"布局形态

将居住空间围绕占主导地位的特定空间要素组合排列，表现出强烈的向心性，并以自然顺畅的环状路网造就向心的空间布局（图5-1-2）。

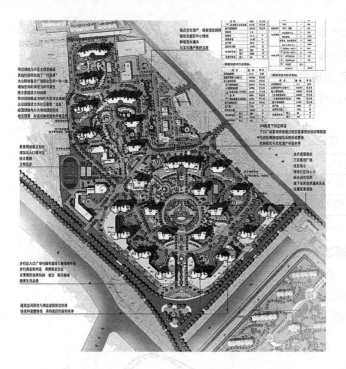

图5-1-2　××安置项目规划方案

"中心式"布局往往选择有特征的自然地理地貌（水体、山脉）为构图中心，同时结合布置居民物质与文化生活所需要的公共服务设施，形成居住区中心。各居住分区围绕中心分布，既可以用同样的住宅组合方式形成同一格局，也可以允许不同的组织形态控制各个部分，强化可识别性。该布局可以按居住分区逐步实施，具有较强的灵活性。因此，"中心式"布局是目前规划设计方案中比较常见的布局形态。

2．"围合式"布局形态

住宅沿基地外围周边布置，形成一定数量的次要空间，并共同围绕一个主导空间，构成后的空间无方向性。主入口按环境条件可设任意一方，中央主导空间一般尺度较大，统领次要空间，也可以以其形态的特异突出其主导地位（图5-1-3）。

"围合式"布局可形成宽敞的绿地和舒适的空间，日照、通风和视觉环境相对较好，可以更好地组织和丰富居民的邻里交往及生活活动内容。但由于"围合式"布局建筑密度（容积率）较大，宜注意控制适当的建筑层数和建筑空间距离，同时次要空间尺度应适中，避免喧宾夺主。

3．"轴线式"布局形态

轴线设计手法作为控制城市空间的重要手法，不仅适用于城市中心、广场等公共空间，而且也适用于居住区。空间轴线常为线性的道路、绿地、水体

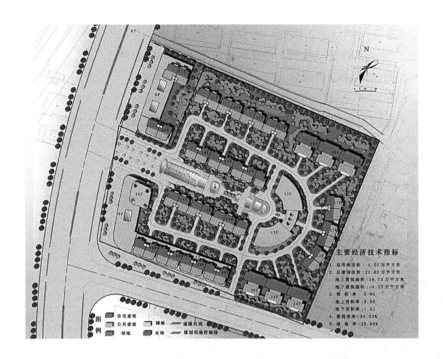

图 5-1-3 ××院校
老校区策划方案

等，具有强烈的聚集性和导向性。通过空间轴线的引导，轴线两侧的空间对称
或拟对称布局，通过轴线的几个主、次节点控制节奏和尺度，整个居住区呈现
出层次递进、起落有致的均衡特色（图5-1-4）。

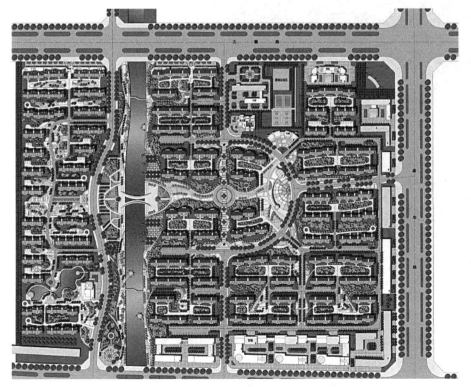

图 5-1-4 ××经济
开发区新城家园详
细规划

"轴线式"布局中，应注意空间的收放、长短、宽窄、急缓等对比，并仔细刻画空间节点。当轴线过长时，可以通过转折、曲化等设计手法，并结合建筑物及环境小品、绿化树种的处理，减少单调感。

4. "隐喻式"布局形态

"隐喻式"布局形态是将某种事物作为原型，经过概括、提炼、抽象成建筑与环境的形态语言，使人产生视觉和心理上的某种联想与领悟，从而增强环境的感染力，构成"意在象外"的升华境界（图5-1-5）。

"隐喻式"布局注重对形态的概括，讲求形态的简洁、明了、易懂，同时要紧密联系相关理论，做到形、神、意融合。

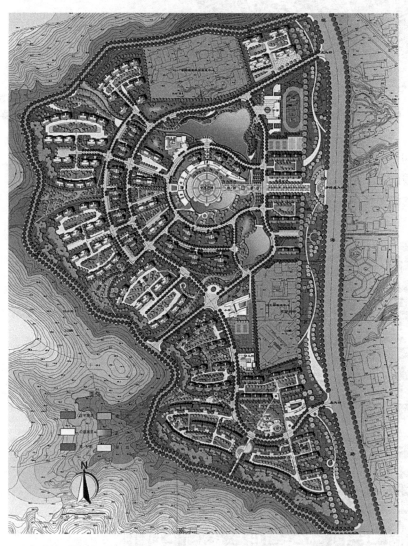

图 5-1-5 ×× 小 区
规划设计方案

5. "片块式"布局形态

这是传统居住区规划最为常用的布局形态。住宅建筑以日照间距为主要依据，遵循一定规律排列组合，形成紧密联系的群体。它们不强调主次等级，成片成块、成组成团地布置，形成片块式布局形态（图5-1-6）。

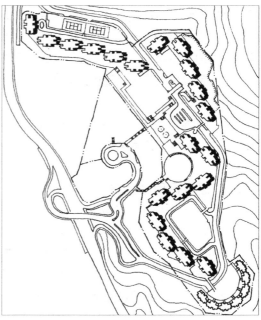

图 5-1-6　××市东付居住小区详细规划（左）

图 5-1-7　某居住区详细规划（右）

"片块式"布局应控制相同组合方式的住宅数量及空间位置，尽量采取按区域变化的方法，以强调可识别性。同时，片块之间应有绿地或水体、公用设施、道路等分隔，保证居住空间的舒适性。

6．"集约式"布局形态

"集约式"布局形态将住宅和公共配套设施集中紧凑布置，并依靠科技进步，尽力开发地下空间，使地上、地下空间垂直贯通，室内、室外空间渗透延伸，形成居住生活功能完善、空间流通的集约式整体布局空间（图 5-1-7）。

"集约式"布局由于节约用地，可以同时组织和丰富居民的邻里交往及生活活动，尤其适用于旧区改建和用地较为紧张的地区。

5.2　居住区用地构成

5.2.1　居住区用地组成

居住区规划总用地包括居住区用地与其他用地两大部分。

1．居住区用地（R）

居住区用地是住宅用地、公建用地、道路用地和公共绿地四类用地的总称。其中各用地的构成为：

（1）住宅用地（R01）指居住建筑基底占有的用地及其前后左右附近必要留出的一些空地，其中包括通向居住建筑入口的小路、宅旁绿地和杂物院等；

（2）公共服务设施用地（R02）指居住区各类公共建筑和公用设施建筑物基底占有的用地及其周围的专用地，包括专用地中的道路、场地和绿地等；

（3）道路用地（R03）指区内各级车行道路、广场、停车场、回车场等。

不包括宅间步行小路和公建用地内的专用道路；

(4) 公共绿地（R04）指满足规定的日照要求，适于安排游憩活动场地的居民共享的集中绿地，包括居住区公园、居住小区的小游园、组团绿地以及其他具有一定规模的块状、带状公共绿地。

2. 其他用地

规划用地范围内，除居住区用地以外的各种用地，包括非直接为本区居民配的道路用地、其他单位用地、保留用地以及不可建设的土地等。

5.2.2 居住区用地比重

居住区内各项用地的配置应在分级配置建议的基础上，考虑居住区的职能侧重、居住密度、土地利用方式和效率、社区生活、户外环境质量和地方特点等多方面因素，符合表5-2-1的规定。在四大类居住用地之间，既相对独立又相互联结，是一个有机整体，每类用地按合理的比例统一平衡，其中"住宅用地"一般占"居住区用地"的50%以上，是居住区比重最大的用地。

居住区用地平衡控制指标   表5-2-1

用地构成（%）	居住区	小区	组团
R01—住宅用地	50~60	55~65	70~80
R02—公建用地	15~25	12~22	6~12
R03—道路用地	10~18	9~17	7~15
R04—公共绿地	7.5~18	5~15	3~6
R—居住区用地	100	100	100

5.3 居住区住宅用地规划设计

住宅用地在居住区用地中占地比重最大，一般占到50%~60%，对居住生活质量、居住区乃至城市面貌、住宅产业发展有着直接的重要影响。住宅用地规划设计需要综合考虑各方面因素的影响，主要考虑的因素包括：住宅选型、住宅合理的间距与朝向、居住区通风、居住区噪声防治、住宅群体组合方式等因素。

5.3.1 住宅建筑设计与组合方式

1. 住宅功能空间设计

一套住宅需要提供不同的居住空间，满足住户的各种使用要求。它应包括睡眠、起居、工作、学习、进餐、炊事、便溺、洗浴、储藏及户外活动等功能空间，而这些功能空间可归纳划分为居住、厨卫、交通及其他三大部分。

住宅的室内环境，由于空间的结构划分已经确定，在界面处理、家具设置、装饰布置之前，除了厨房和浴厕，由于有固定安装的管道和设施，它们的位置已经确定之外，其余房间的使用功能，或一个房间内功能地位的划分，应按其特征和使用方便的要求进行布置，做到功能分区明确。集中归纳起来，即要做到公私分离、动静分离、洁污分离、干湿分离、食寝分离、居寝分离的原则（图5-3-1）。

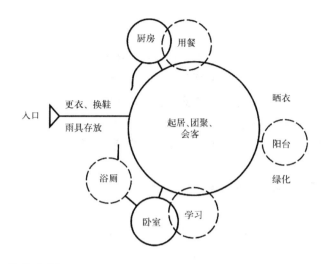

图5-3-1 住宅基本功能关系示意图

（1）居住空间

居住空间是一套住宅的主体空间，它包括睡眠、起居、工作、学习、进餐等功能空间，根据住宅套型面积标准的不同包括不同的内容。在套型设计中，需要按不同的户型使用功能划分不同的居住空间，确定空间的大小和形状，并考虑家具的布置，合理组织交通，安排门窗位置，同时还需要考虑房间朝向、通风、采光及其他空间环境处理问题。根据不同的套型标准和居住对象，居住空间可划分为卧室、起居室、工作学习室、餐室等。

1）起居室

起居室是家庭团聚、会客、娱乐消遣的地方，其空间性质属于"闹"区。一般讲，起居室是一个家庭中最主要的一个房间，也是最大的一个房间，因此，起居室的面积在满足家具布置要求的同时（电视机与沙发的距离最好大于3m），还要考虑一定的活动面积。一般起居室面积在18~30m²。起居室可独立设置，也可以与餐室、书房结合布置，在居住水平较低的情况下，亦可设在卧室内，但卧室面积不小于12m²。

2）卧室

卧室是家庭休息的场所，其数量和大小主要由一个家庭成员的数量及家具的尺寸来决定。卧室的面积一般不宜过大，尽量保持其和谐温馨的氛围，其空间性质属于"静"区，一般分为主卧室和次卧室。卧室设计主要考虑家具布置和必要的活动空间。主卧室的家具主要有：双人床（有时需考虑婴儿床）、衣柜、床头柜、梳妆台、沙发、电视柜等；次卧室主要有单人床、衣柜等，对于兼作学习用的卧室，还需放置书架、书桌等。卧室的家具布置主要考虑床的位置，一般一个房间应保证有两个方向布置下床，因此，主卧室的面积不宜小于12m²，次卧室的面积不宜小于8m²。

（2）厨卫空间

厨卫空间是住宅设计的核心部分，它对住宅的功能与起着关键作用。由于厨卫空间内设备及管线多，设备安装后启动困难，改装更非易事，设计时必须精益求精，认真对待。

1）餐厅、厨房

餐厅是家庭成员吃饭的地方，其主要家具为餐桌椅、酒柜等。餐厅可合在客厅内，也可合在厨房内。独立设置的餐厅，一般其面积不宜小于6m²。

厨房是供居住者进行炊事活动的空间。传统厨房的设备主要是炉灶、洗池和案台。这些固定设备的布置一般有单排、双排、L形和U形几种布置方式。现代家庭除了上述设备外，还有许多家用电器，如冰箱、消毒柜、电烤箱和微波炉等。

餐厅与厨房可相互结合进行布置，两者之间的距离不可过远。

2）卫生间

卫生间是供居住者进行便溺、浴、盥洗及洗衣四种功能的活动空间，主要设置大便器、洗脸盆和浴盆（或简易淋浴）等卫生设备。卫生间要有良好的通风设计，最好采用窗直接通风，如条件限制不能直接通风、亦应设计排风口或用排风扇组织排风。卫生间内与设备连接的有给水管、排水管，还有热水管，需进行管网综合设计，使管线走向短捷合理，并应适当隐蔽，以免影响美观。卫生间的楼地面宜比其他房间低20~60mm，并宜设置地漏。

（3）交通及其他空间

在住宅套型设计中，除考虑其居住部分和厨卫部分空间而定布置外，尚需考虑交通联系空间、杂物储藏空间以及生活服务阳台等室外空间和设施。

楼梯间、电梯间、走廊是住宅内的交通空间，它除了满足人们日常的行走、搬运工作外，还要满足特殊情况下（如搬家、抬担架、紧急疏散等方面）的要求，因此住宅对楼梯间、电梯间、走廊的尺寸都有一定的要求。

2. 住宅套型设计与组合方式

（1）低层住宅套型设计与组合方式

低层住宅是指1~3层住宅建筑，一般为别墅；低层住宅一般可分为独立式、并列式和联列式三种类型，每种类型的住宅每户都占有一块独立的住宅基地。基地的规模根据住宅类型、住宅标准和住宅形式的不同，一般在250~500m²之间（表5-3-1）。

1）低层住宅的套型设计

低层住宅的套型设计的主要内容包括：按照各种住宅户型的功能要求进行房间的组合、组织平面交通及垂直交通、充分利用空间、协调室内外环境等。

2）低层住宅的组合方式

低层住宅的组合即对低层住宅各户之间的组合关系进行设计，一般有水平组合（图5-3-2）和垂直组合（图5-3-3）两种。

低层住宅类型与主要特征　　　　　　　　　表5-3-1

低层住宅类型	主要特征	图示
独立式花园住宅	独立式花园住宅拥有较大的基地，住宅四周均可直接通风和采光，可布置车库	
并列式花园住宅	并列式住宅为两栋住宅并列建造，住宅有三面可直接通风和采光，可布置车库。基地比独立式花园的基地小	
联列式花园住宅	联列式（也称联排式）住宅为一栋栋住宅相互连接建造，占地规模最小，每栋住宅占地面宽6.5~13.5m不等	

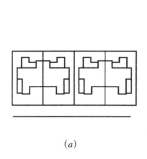
(a)

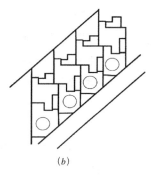
(b)

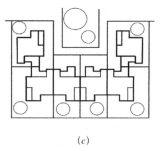
(c)

图5-3-2 低（多）层住宅水平组合方式
(a) 水平组合；
(b) 错位组合；
(c) 转角组合

图5-3-3 垂直组合方式实例（××别墅效果图）

(2) 多层住宅设计与组合方式

多层住宅一般指4~6层住宅。多层住宅必须借助公共楼梯解决垂直交通，有时还需要设置公共走廊解决水平交通。为适应住宅建筑的大规模建设，简化和加快设计工作，统一结构、构造和方便施工，常将一栋住宅分为几个标准阶段，一般就把这个标准叫做单元。

多层住宅一般以数户围绕一个楼梯间来划分单元，这样能保证每户有较好的使用条件。为了调整套型方便，单元之间也可以咬接。转角单元用于体型转角处或用于围合院落。常见的单元组合拼接方式有以下几种。

1）平直组合：体形简洁、施工方便，但不宜过长；

2）错位组合：适应地形、朝向、道路或规划的要求，但注意外墙周长及用地经济性。可用平直单元交错或错接的插入单元；

3）转角组合：按规划要求，要注意朝向，可用平直单元拼接，也可以插入单元或采用转角单元。

（3）高层和中高层住宅设计

《城市居住区规划设计规范》GB 50180—93（2002 年版）把 7~9 层的住宅称为中高层住宅，而把 10 层及 10 层以上并设置电梯为主要交通工具的住宅称为高层住宅。高层住宅往往成为解决城市用地紧张的一种手段。与多层住宅不同，高层住宅的平面布局因受垂直交通（电梯）和防火疏散要求的影响较大，其平面类型大致可分为以下几种。

1）单元组合式高层住宅

以单元组合各户成一栋建筑，单元内各户电梯、楼梯为核心布置。楼梯与电梯组合在一起或相距不远，以楼梯作为电梯的辅助工具，组成垂直交通枢纽。单元组合式高层住宅的平面形式很多，常见的有矩形（图 5-3-4）、T 形、十字形、Y 形及 Z 形等；也有电梯、楼梯间作为单元与单元组合之间的插入体，这种灵活组合适用于不同地段和各种户型的需要，有利于消防疏散；还有的以多种单元组合成围墙式或各种形式的组合体，以围合成大型院落。

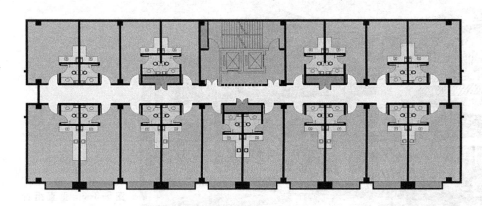

图 5-3-4 单元组合式高层住宅示例

2）长外廊高层住宅

长外廊高层住宅以外廊作为水平的交通通道，可以增加电梯的户服务数。一般将长外廊封闭，把电梯、电梯间成组布置成几个独立单元，利用外长廊作为安全疏散的通道；也可将外廊连成环形，可以节约用地，但部分住户朝向不佳，此类住宅使用较少。

3）塔式住宅

塔式住宅是指平面上两个方向的尺寸比较接近，而高度又远远超过平面尺寸的高层住宅。这种类型住宅是以一组垂直交通枢纽为中心，各户环绕布置，不与其他单元拼接，独立自成一栋。这种住宅的特点能适应地段小、地形起伏复杂的基地。由于造型挺拔，已形成对景，若选址恰当，可有效改善城市的天际轮廓线，使街景更为生动。塔式住宅内部组织比较紧凑，采光面多，通风好，目前我国许多城市都已采用（图5-3-5）。

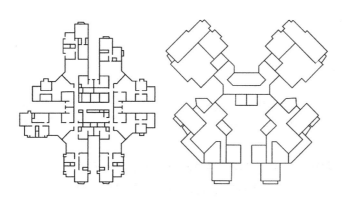

图5-3-5 塔式高层住宅示例

4）跃廊式高层住宅

跃廊式高层住宅每隔一到二层设有公共走道，由于电梯可隔一或二层停靠，而大大提高了电梯的使用率，既节约交通面积，又减少了干扰。对每户面积大、居室多的套型，这种布置方式比较有利。

5.3.2 住宅的间距

1. 日照间距

住宅的建筑间距分正面间距和侧面间距两大类，其中日照间距泛指建筑的正面间距。日照间距是保证每套住宅至少有一间居室在冬至日能获得满窗日照不少于1h的住宅之间的距离，托儿所、幼儿园和老年人、残疾人专用住宅的主要居室、医院、疗养院至少半数病房应获得冬至日满窗日照不少于3h。

日照间距需要考虑的主要因素包括两方面，地理纬度和城市规模。一般情况下，纬度高的地区正午太阳高度角较小，为保证日照要求，日照间距也较大；纬度低的地区正午太阳高度角较大，日照间距较小，就可满足日照要求。在实际设计中，一般通过控制日照间距系数来确定房屋间距，即以日照间距 L 和前排房屋高度 H 的比值来表达。我国大部分地区的系数值为1.0~1.8。南方地区的系数值较小，而北方地区则偏大。另外，大城市人口集中，用地的紧张程度与小城市比要大，所以建筑物的日照间距要求较低。

（1）日照间距的计算与折算

日照间距的计算，通常以冬至日中午正南方向太阳能照射到房屋底层窗台的高度为依据，如（图5-3-6）。计算公式为：

$$L=(H-H_1) \times \operatorname{ctg} \alpha$$

式中　令 $a=\operatorname{ctg}\alpha$　则 $L=(H-H_1) \cdot a$

其中，*L*—两排建筑的日照间距；*H*—前排建筑背阳侧檐口至地面的高度（m）；H_1—后排建筑底层窗台至地面的高度（m）；*α*—太阳高度角；*a*—日照间距系数。

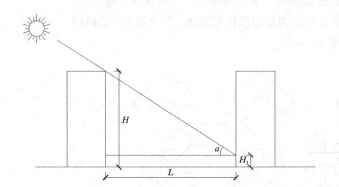

图5-3-6　日照间距计算

住宅的朝向与日照时间、太阳辐射强度、常年主导风向及地形等因素有关，一般情况下，住宅朝南或朝南稍偏，这有利于夏季避免日晒而冬季利用日照。在设计时要特别注意避免西晒问题，若因场地条件限制，建筑布置必须朝西时，要适当设置遮阳设施或种植植物。

当住宅正面偏离正南方向时，其日照间距以标准日照间距进行折减计算。其折算公式为：

$$L' = b \cdot L$$

其中，*L'*—不同方位住宅日照间距（m）；*L*—正南向住宅标准日照间距（m）；*b*—不同方位日照间距折减系数可查（表5-3-2）。

不同方位间距折减换算表　　　　　　　　　　　　表5-3-2

方位	0~15度（含）	15~30度（含）	30~45度（含）	45~60度（含）	>60度
折减值	1.0L	0.9L	0.8L	0.9L	0.95L

（2）保证日照的措施

在住宅建筑设计中，可以将建筑顶部设计为坡顶形式或做退台处理，可以扩大空间利用或减少建筑日照间距，提高用地利用率。

除此之外，住宅群体争取日照的措施可采用建筑的不同组合方式（图5-3-7）、不同的朝向（图5-3-8）以及地形、绿化等手段来实现。

（3）日照分析

日照分析的量化指标是计算建筑窗户的日照时间，这是在确定建筑物规划平面后进行的；而建设项目的规划是动态可变的，经过日照分析进行合理的规划设计可改善规划区域新建建筑和受影响的原有建筑的日照状况。

重点对住宅、医院、学校和托幼等建筑进行日照分析，以满足其日照标准。一般是委托具有相应资质的规划编制单位编制日照分析报告。日照分析时可借

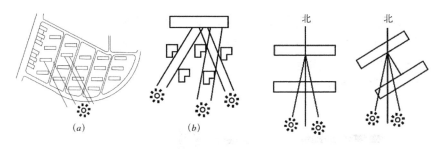

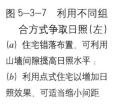

图 5-3-7 利用不同组合方式争取日照（左）
(*a*) 住宅错落布置，可利用山墙间隙提高日照水平；
(*b*) 利用点式住宅以增加日照效果，可适当缩小间距

图 5-3-8 利用建筑不同的朝向可缩短日照间距（右）

助湘源、飞时达、众智、天正等软件（图 5-3-9）。日照分析一般流程分为以下几步：进行日照设置（地点、时间、系统、标准等）→进行日照建模（对平面建筑图形，需要通过日照建模使平面图形转换成三维模型）→选择参与分析的建筑模型，进行各种方式的日照分析（在方案初期，建议大家可以先使用沿线分析功能，如果方案不满足日照要求，则可使用软件提供的建筑物高度推算和建筑物位置推算功能，对方案进行调整；方案后期，则可通过区域分析，窗户端点分析及其他的日照分析方法进行分析出表）→导出日照报告（可选择通用日照报告模板，也可自定义日照报告模板）。

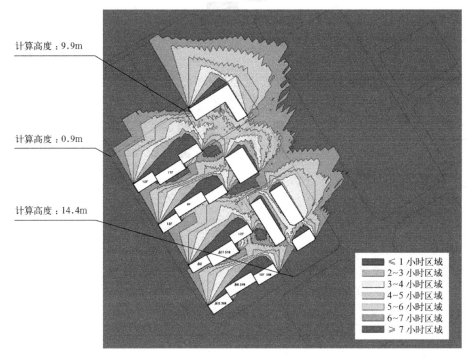

图 5-3-9 日照分析示例

2. 侧向间距

侧向间距是指建筑山墙与山墙之间的距离。条式住宅多层之间不宜小于 6m，高层与各种层数住宅之间不宜小于 13m。高层塔式住宅、多层和中高层点式住宅与侧面有窗的各种层数住宅之间应考虑视觉卫生因素，适当加大间距。

3. 通风间距

为使建筑物有合理的通风间距，通常采取使建筑物与夏季主导风向成

一定角度的布局形式。实验说明：当风向入射角在30°～60°时，间距选择1：1.3H～1：1.5H时通风效果比较理想。为了节约用地而又能获得较为理想的通风效果，建议呈并列布置的建筑群，间距宜取1：1.3H～1：1.5H。图5-3-10所示为居住区提高通风和防风效果常用的一些措施。

住宅错列布置增大迎风面，利用山墙间距将气流导入住宅群内部

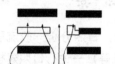

低层住宅或公建布置在多层住宅群之间，可改善通风效果

住宅疏密相间布置，密处风速加大，改善群体内部通风

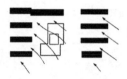

高低层住宅间隔布置，或将低层住宅（或公建）布置在迎风面一侧，以利进风

住宅组群豁口迎向主导风向，有利通风，若防寒则在通风面少设豁口

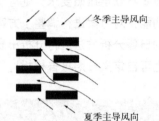

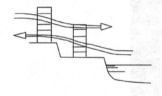

利用水面和陆地温差加强通风

利用局部风候改善通风

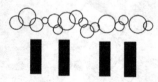

利用绿化起导风或防风作用

图5-3-10　住宅群体通风和防风措施

4. 消防间距

除应满足日照、通风间距外，还应满足防火的需要。我国现行的建筑设计防火规范对民用建筑的防火间距要求参见表5-3-3。

民用建筑的防火间距　　　　　　　　　　　　　　表5-3-3

建筑类别		高层民用建筑	裙房和其他民用建筑		
		一、二级	一、二级	三级	四级
高层民用建筑	一、二级	13	9	11	14
裙房和其他民用建筑	一、二级	9	6	7	9
	三级	11	7	8	10
	四级	14	9	10	12

注：1.相邻两座建筑物，当相邻外墙为不燃烧体且无外露的燃烧体屋檐，每面外墙上未设置防火保护措施的门窗洞口不正对开设，且面积之和不大于该外墙面积的5%时，其防火间距可按本表规定减少25%。

2.通过裙房、连廊或天桥等连接的建筑物，其相邻两座建筑物之间的防火间距应符合本表规定。

3.同一座建筑中两个不同防火分区的相对外墙之间的间距，应符合不同建筑之间的防火间距要求。

5.3.3 住宅群体平面组合

住宅群体平面组合的基本形式有三种:行列式、周边式、点群式和混合式。

1. 行列式

条式单元住宅或联排住宅按一定的朝向和合理的间距成排布置的方式。这是最为常用的组合方式。

每户都能获得良好的日照和通风条件,便于布置道路、管网、方便工业化施工。如处理不好,形成的空间往往会有单调、呆板的感觉,并且容易产生穿越交通的干扰。如果能在住宅的排列组合中注意避免"兵营式"的布置,多考虑住宅群体空间的变化,如采用山墙错落、单元错落拼接等手法,仍可达到良好的景观效果。

(1) 交错排列 (图 5-3-11)

(2) 变化间距排列 (图 5-3-12)

(3) 单元错接 (图 5-3-13)

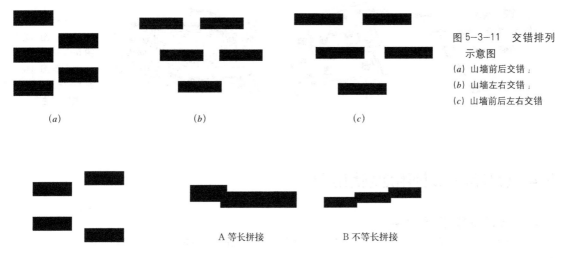

(a)　　　　　　(b)　　　　　　(c)

图 5-3-11　交错排列示意图
(a) 山墙前后交错;
(b) 山墙左右交错;
(c) 山墙前后左右交错

A 等长拼接　　　　　B 不等长拼接

图 5-3-12　变化间距排列示意图　　图 5-3-13　单元错接示意图

2. 周边式

住宅建筑沿街坊或院落周边布置的形式,形成封闭或半封闭的内院空间。

院内较安静、安全,利于布置室外活动场地和公共绿地,院落空间完整。缺点是朝向较差。对于地形起伏大的地区,会造成较大的土石方量。

(1) 单周边式 (图 5-3-14)

(2) 双周边式 (图 5-3-15)

(3) 自由周边式 (图 5-3-16)

3. 点群式

由若干个点式住宅组合成的群体,一般为别墅群或点式高层住宅群。

建筑群体空间丰富,布置灵活,便于利用地形;但是在寒冷地区,因外墙面太多，建筑的体形系数大，不利于节能。

(1) 规则布置（图 5-3-17）

(2) 自由布置（图 5-3-18）

4．混合式（图 5-3-19）

上述三种基本形式的结合或变形的组合形式，常见的以行列式为主，结合点式和周边式布置。

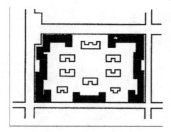

图 5-3-14　单周边式
示意图（左）

图 5-3-15　双周边式
示意图（中）

图 5-3-16　自由周边
式示意图（右）

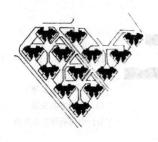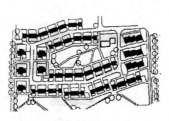

图 5-3-17　规则点群
式示意图（左）

图 5-3-18　自由点群
式示意图（中）

图 5-3-19　混合式示
意图（右）

5.4　公共服务设施用地规划设计

5.4.1　公共服务设施分类

为满足城市居民日常生活、购物、教育、文化娱乐、休憩、社交活动等需要，居住区内必须设置各种公建配套设施。其内容、项目设置必须综合考虑居民的生活方式、生活水平及年龄特征等因素。

1．按使用性质分类

居住区公共服务设施按使用性质可分为教育、医疗卫生、文体、商业服务、金融邮电、市政公用、行政管理及其他共八大类（表 5-4-1）。

2．按使用频率分类

按居民使用频率又可分为经常性使用的项目和非经常性使用的项目。经常性使用的项目包括幼托、小学、文化活动站、菜市场、综合超市、粮油店、小商店、早点或小吃店、卫生站、居委会等；非经常性使用的项目包括门诊所、文化活动中心、理发店、邮政储蓄所、服装加工、美容店、洗染店、书店、综合修理部、旅店、物资回收站、粮管所、房管所、工商及市政管理机构、派出所、街道办事处等。

居住区公用服务设施项目表　　　　　　　表5-4-1

类别	项目	类别	项目
教育	托儿所	社区服务	社区服务中心（含老年人服务中心）
	幼儿园		养老院
	小学		托老所
	中学		残疾人托养中心
医疗卫生	医院（200~300床）		治安联防站
	门诊所		居（里）委会（社区用房）
	卫生站		物业管理
	护理院	市政公用	供热站或热交换站
文化体育	文化活动中心（含青少年活动中心、老年活动中心）		变电室
	文化活动站（含青少年老年活动站）		开闭所
	居民运动场、馆		路灯配电室
	居民健身设施（含老年户外活动场地）		燃气调压站
商业服务	综合食品店		高压水泵房
	综合百货店		公共厕所
	餐饮		垃圾转运站
	中西药店		垃圾收集点
	书店		居民存车处
	市场		居民停车场、库
	便民店		公交始末站
	其他第三产业设施		消防站
金融邮电	银行		燃料供应站
	储蓄所	行政管理及其他	街道办事处
	电信支局		市政管理机构（所）
	邮电所		派出所
			其他管理用房
			防空地下室

5.4.2 公共服务设施分级与布局

居住区内的公共服务设施根据其规模大小、服务范围的不同，经营管理及居民的使用要求一般分为居住区级—居住小区级—居住组团级三级，见图5-1-1。

居住区配套公建的配建水平，必须与居住人口规模相对应，公共服务设施的布局还必须与居住区规划结构相适应。由于公共服务设施采用成套分级、集中与分散相结合的布置方式，并且有合理的服务半径相制约（表5-4-2），因此对规划结构的影响比较重要，有时甚至会成为决定因素。

各级公共服务设施服务半径   表5-4-2

序号	公共服务设施等级	服务半径 (m)
1	居住区级	800~1000
2	居住小区级	400~500
3	居住组团级	150~200

1. 居住区级公共服务设施布局

居住区中心主要有文化及商业服务设施组成，一般宜相对集中布置（有沿街线状布置、独立地段成片集中布置、沿街和成片集中相结合等方式），以形成居住区中心。而医院由于本身功能要求，宜布置在比较安静和交通比较方便的地段，以便居民使用和避免救护车对居住区不必要的干扰。因此，在其规划布局中，居住区中心其空间位置往往由居住区级文化及商业服务设施的最小服务半径控制。

2. 小区级公共服务设施布局的影响

小区级公共服务设施既要便于居民使用，又要考虑资源的合理及有效利用。在当今市场的宏观调节下，城市型居住小区的商业及教育服务设施布局出现由内向型向外向型转化的明显趋势（图5-4-1），而部分郊区化居住小区则

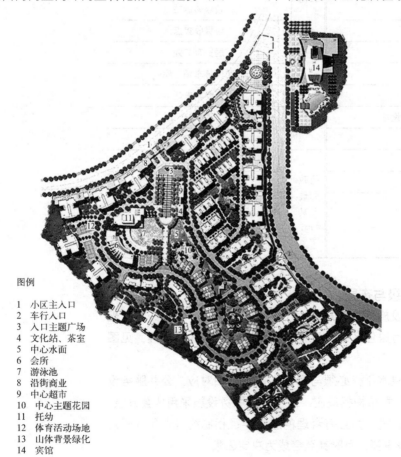

图例

1 小区主入口
2 车行入口
3 入口主题广场
4 文化站、茶室
5 中心水面
6 会所
7 游泳池
8 沿街商业
9 中心超市
10 中心主题花园
11 托幼
12 体育活动场地
13 山体背景绿化
14 宾馆

图 5-4-1 某居住小区规划方案

恰恰相反。因此，在其规划布局中，可以看出商业中心与教育中心往往不重合，其服务半径由各自的服务半径控制，有时甚至会有单向服务的布置的形式。

　　3.组团级公共服务设施的规划布局

　　幼托是组团级公共服务设施中占地面积最大的项目，因此影响着居住组团的规划布局；其布局原则是独立设置，环境安静，接送方便。而组团级商业设施面积小，布点灵活，面广，一般设在组团路口，还可以与其他设施联合布置。因此，在传统的组团规划结构布局中，可以看出幼托的中心地位。而现今由于房地产开发的影响，组团级式公共服务设施已逐渐被小区级设施所代替。

5.4.3　公共服务设施配建与定额指标

　　1.公共服务设施配建

　　公共服务设施配建考虑到经营门槛以及服务半径，按照共享性原则，一般分级进行配建，详见表5-4-3。一般情况下，日常使用的项目在较低级别内配备，非经常性使用的项目则在较高的等级配备。

公共服务设施项目分级配建表　　　　　　　　　　表5-4-3

类别	项目	居住区	小区	组团
教育	托儿所	—	▲	△
	幼儿园	—	▲	—
	小学	—	▲	—
	中学	▲	—	—
医疗卫生	医院（200~300床）	▲	—	—
	门诊所	▲	—	—
	卫生站	—	▲	—
	护理院	△	—	—
文化体育	文化活动中心（含青少年活动中心，老年活动中心）	▲	—	—
	文化活动站（含青少年老年活动站）	—	▲	—
	居民运动场、馆	△	—	—
	居民健身设施（含老年户外活动场地）	—	▲	△
商业服务	综合食品店	▲	▲	—
	综合百货店	▲	▲	—
	餐饮	▲	▲	—
	中西药店	▲	△	—
	书店	▲	△	—
	市场	▲	△	—
	便民店	—	—	▲
	其他第三产业设施	▲	▲	—

类别	项目	居住区	小区	组团
金融邮电	银行	△	—	—
	储蓄所	—	▲	—
	电信支局	△	—	—
	邮电所	—	▲	—
社区服务	社区服务中心（含老年人服务中心）	—	▲	—
	养老院	△	—	—
	托老所	—	△	—
	残疾人托养中心	△	—	—
	治安联防站	—	—	▲
	居（里）委会（社区用房）	—	—	▲
	物业管理	—	▲	—
市政公用	供热站或热交换站	△	△	△
	变电室	—	▲	△
	开闭所	▲	—	—
	路灯配电室	—	▲	—
	燃气调压站	△	△	—
	高压水泵房	—	—	△
	公共厕所	▲	▲	△
	垃圾转运站	△	△	—
	垃圾收集点	—	—	▲
	居民存车处	—	—	▲
	居民停车场、库	△	△	△
	公交始末站	△	△	—
	消防站	△	—	—
	燃料供应站	△	△	—
行政管理及其他	街道办事处	▲	—	—
	市政管理机构（所）	▲	—	—
	派出所	▲	—	—
	其他管理用房	▲	△	—
	防空地下室	△	△	△

注：1.▲为应配建的项目；△为宜设置的项目；
2.在国家确定的一、二类人防重点城市，应按人防有关规定配建防空地下室。

2. 公共服务设施定额指标

居住区公共服务设施的数量、用地与建筑面积的计算以"千人指标"为主，同时对照"公共服务设施应占住宅建筑面积的比重"。千人指标是以每千居民为单位根据公共建筑的不同性质而采用不同的计算单位来计算建筑面积和用地面积。具体公共服务设施控制指标见表5-4-4，各项公共服务设施项目控制指标见表5-4-5。

公共服务设施控制指标（m²/千人）　　　　　　　　　　　　表5-4-4

居住规模 类别		居住区		小区		组团	
		建筑面积	用地面积	建筑面积	用地面积	建筑面积	用地面积
总指标		1668~3293 (2228~4213)	2172~5559 (2762~6329)	968~2397 (1338~2977)	1097~3835 (1491~4585)	362~856 (703~1356)	488~1058 (868~1578)
其中	教育	600~1200	1000~2400	330~1200	700~2400	160~400	300~500
	医疗卫生 (含医院)	78~198 (178~398)	138~378 (298~548)	38~98	78~228	6~20	12~40
	文体	125~245	225~645	45~75	65~105	18~24	40~60
	商业服务	700~910	700~910	450~570	100~600	150~370	100~400
	社区服务	59~464	76~668	59~292	76~328	19~32	16~28
	金融邮电 (含银行、邮电局)	20~30 (60~80)	25~50	16~22	22~34	—	—
	市政公用 (含居民 存车处)	40~150 (460~820)	70~360 (500~960)	30~120 (400~700)	50~80 (450~700)	9~10 (350~510)	20~30 (400~550)
	行政管理 及其他	46~96	37~72	—	—	—	—

注：1.居住区级指标含小区和组团级指标，小区级含组团级指标；

2.公共服务设施总用地的控制指标应符合表2-2-1规定；

3.总指标未含其他类，使用时应根据规划设计要求确定本类面积指标；

4.小区医疗卫生类未含门诊所；

5.市政公用类未含锅炉房，在采暖地区应自选确定

公共服务设施各项目的设置规定　　　　　　　　　　　　表5-4-5

设施 名称	项目名称	服务内容	设置规定	每一处规模	
				建筑面积 (m²)	用地面积 (m²)
教育	(1) 托儿所	保教小于3周岁儿童	(1) 设于阳光充足，接近公共绿地，便于家长接送的地段； (2) 托儿所每班按25座计；幼儿园每班按30座计； (3) 服务半径不宜大于300m；层数不宜高于3层； (4) 三班和三班以下的托、幼所，可混合设置，也可附设于其他建筑，但应有独立院落和出入口，四班和四班以上的托、幼园所均应独立设置； (5) 八班和八班以上的托、幼园所，其用地应分别按每座不小于7m²或9m²计； (6) 托、幼建筑宜布置于可挡寒风的建筑物的背风面，但其主要房间应满足冬至日不小于2h的日照标准； (7) 活动场地应有不少于1/2的活动面积在标准的建筑日照阴影线之外	—	4班≥1200 6班≥1400 8班≥1600
	(2) 幼儿园	保教学龄前儿童		—	4班≥1500 6班≥2000 8班≥2400

设施名称	项目名称	服务内容	设置规定	每一处规模	
				建筑面积 (m²)	用地面积 (m²)
教育	(3) 小学	6~12周岁儿童入学	(1) 学生上下学穿越城市道路时，应有相应的安全措施； (2) 服务半径不宜大于500m； (3) 教学楼应满足冬至日不小于2h的日照标准不限	—	12班≥6000 18班≥7000 24班≥8000
	(4) 中学	12~18周岁青少年入学	(1) 在拥有3所或3所以上中学的居住区或居住地内，应有一所设置400m环形跑道的运动场； (2) 服务半径不宜大于1000m； (3) 教学楼应满足冬至日不小于2h的日照标准不限	—	18班≥11000 24班≥12000 30班≥14000
医疗卫生	(5) 医院	含社区卫生服务中心	(1) 宜设于交通方便，环境较安静地段； (2) 10万人左右则应设一所300~400床医院； (3) 病房楼应满足冬至日不小于2h的日照标准	12000~18000	15000~25000
	(6) 门诊所	或社区卫生服务中心	(1) 一般3~5万人设一处，设医院的居住区不再设独立门诊； (2) 设于交通便捷，服务距离适中的地段	2000~3000	3000~5000
	(7) 卫生站	社区卫生服务站	1~1.5万人设一处	300	500
	(8) 护理院	健康状况较差或恢复期老年人日常护理	(1) 最佳规模为100~150床位； (2) 每床位建筑面积≥30m²； (3) 可与社区卫生服务中心合设	300~4500	—
文体	(9) 文化活动中心	小型图书馆、科普知识宣传与教育；影视厅、舞厅、游艺厅、球类、棋类活动室；科技活动、各类艺术训练班及青少年合老年人学习活动场地、用房等	宜结合或靠近同级中心绿地安排	4000~5000	8000~12000
	(10) 文化活动站	书报阅览、书画、文娱、健身、音乐欣赏、茶座等主要供青少年和老年人活动	(1) 宜结合或靠近同级中心绿地安排； (2) 独立性组团应设置本站	400~600	400~600
	(11) 居民运动场、馆	健身场地	宜设置60~100m直跑道和200m环形跑道及简单的运动设施	—	10000~15000
	(12) 居民健身设施	篮、排球及小型球类场地，儿童及老年人活动场地合其他简单运动设施等	宜结合绿地安排	—	—
商业服务	(13) 综合食品店	粮油、副食、糕点、干鲜果品等	(1) 服务半径：居住区不宜大于500m；居住小区不宜大于300m； (2) 地处山坡地的居住区，其商业服务设施的布点，除满足服务半径的要求外，还应考虑上坡空手，下坡负重的原则	居住区：1500~2500 小区：800~1500	—

设施名称	项目名称	服务内容	设置规定	每一处规模	
				建筑面积 (m²)	用地面积 (m²)
商业服务	(14) 综合百货店	日用百货、鞋帽、服装、布匹、五金及家用电器等	(1) 服务半径：居住区不宜大于500m；居住小区不宜大于300m； (2) 地处山坡地的居住区，其商业服务设施的布点，除满足服务半径的要求外，还应考虑上坡空手，下坡负重的原则	居住区：2000~3000 小区：400~600	
	(15) 餐饮	主食、早点、快餐、正餐等		—	
	(16) 中西药店	汤药、中成药与西药		200~500	—
	(17) 书店	书刊及音像制品		300~1000	
	(18) 市场	以销售农副产品和小商品为主	设置方式应根据气候特点与当地传统的集市要求而定	居住区：100~1200 小区：500~1000	居住区：1500~2000 小区：800~1500
	(19) 便民店	小百货、小日杂	宜设于组团的出入口附近	—	—
	(20) 其他第三产业设施	零售、洗染、美容美发、照相、影视文化、休闲娱乐、洗浴、旅店、综合修理以及辅助就业设施等	具体项目，规模不限	—	—
金融邮电	(21) 银行	分理处	宜与商业服务中心结合或邻近设置	800~1000	400~500
	(22) 储蓄所	储蓄为主		100~150	—
	(23) 电信支局	电话及相关业务	根据专业规划需要设置	1000~2500	600~1500
	(24) 邮电所	邮电综合业务包括电报、电话、信函、包裹、兑汇和报刊零售等	宜与商业服务中心结合或邻近设置	100~150	—
社区服务	(25) 社区服务中心	家政服务、就业指导、中介、咨询服务、代客订票、部分老年人服务设施等	每小区设置一处，居住区也可合并设置	200~300	300~500
	(26) 养老院	老年人全托式护理服务	(1) 一般规模为150~200床位； (2) 每床位建筑面积≥400m²	—	—
	(27) 托老所	老年人日托（餐饮、文娱、健身、医疗保健等）	(1) 一般规模为30~50床位； (2) 每床位建筑面积20m²； (3) 宜靠近集中绿地安排，可与老年活动中心合并设置	—	—
	(28) 残疾人托养所	残疾人全托式护理	—		
	(29) 治安联防站	—	可与居（里）委会合设	18~30	12~20
	(30) 居（里）委会（社区用房）	—	300~1000户设一处	30~50	—
	(31) 物业管理	建筑与设备维修、保安、绿化、环卫管理等	—	300~500	300

设施名称	项目名称	服务内容	设置规定	每一处规模	
				建筑面积 (m²)	用地面积 (m²)
市政公用	(32) 供热站或热交换站	—	—	根据采暖方式确定	
	(33) 变电室	—	每个变电室负荷半径不应大于250m；尽可能设于其他建筑内	30~50	—
	(34) 开闭所	—	1.2万~2.0万户设一所；独立设置	200~300	≥500
	(35) 路灯配电室	—	可与变电室合设于其他建筑内	20~40	—
	(36) 煤气调压站	—	按每个中低调压站负荷半径500m设置；无管道煤气地区不设	50	100~120
	(37) 高压水泵房	—	一般为低水压区住宅加压供水附属工程	40~60	—
	(38) 公共厕所	—	每1000~1500户设一处；宜设于人流集中之处	30~60	60~100
	(39) 垃圾转运站	—	应采用封闭式设施，力求垃圾存放和转运不外露，当用地规模为0.7~1km²设一处，每处面积不应小于100m²，与周围建筑物的间隔不应小于5m	—	—
	(40) 垃圾收集点	—	服务半径不应大于70m，宜采用分类收集	—	—
	(41) 居民存车处	存放自行车、摩托车	宜设于组团或靠近组团设置，可与居（里）委会合设于组团的入口处	1~2辆/户；地上0.8~1.2m²/辆；地下1.5~1.8平方米/辆	—
	(42) 居民停车场、库	存放机动车	服务半径不宜大于150m	—	—
	(43) 公交始末站	—	可根据具体情况设置	—	—
	(44) 消防站	—	可根据具体情况设置	—	—
	(45) 燃料供应站	煤或罐装燃气	可根据具体情况设置	—	—
行政管理及其他	(46) 街道办事处	—	3万~5万人设一处	700~1200	300~500
	(47) 市政管理机构（所）	供电、供水、雨污水、绿化、环卫等管理与维修	宜合并设置		
	(48) 派出所	户籍治安管理	3万人~5万人设一处；宜有独立院落	700~1000	600
	(49) 其他管理用房	市场、工商税务、粮食管理等	3万人~5万人设一处；可结合市场或街道办事处设置	100	
	(50) 防空地下室	掩蔽体、救护站、指挥所等	在国家确定的一、二类人防重点城市中，凡高层建筑下设满堂人防，另以地面建筑面积2%配建。出入口宜设于交通方便的地段，考虑平战结合	—	—

5.4.4 教育类公共服务设施规划与设计要点

1. 教育类设施的规划布局

居住区教育设施包括中学（居住区级）、小学、幼儿园（居住小区级）和托儿所（组团级）。

（1）幼托的布局（图5-4-2）

1）幼托一般宜独立布置在靠近绿地、环境安静、接送方便，并能避免儿童跨越车道的地段上，规划设计应保证活动室有良好的朝向。

2）在建筑密度较高、幼托机构规模不大时可以附设在住宅底层或联接体内，但必须注意减少对住宅的干扰，入口要与住宅出入口分开布置，并保证必要的室外活动场地。

3）幼托可联合或分开设置。

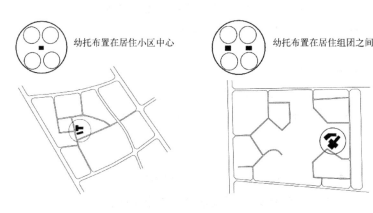

图5-4-2 幼托布局实例

（2）中、小学的布局

学校的布置应保证学生就近上学，小学生上学不应穿越铁路干线、厂矿生产区、城市干道和市中心等人多车杂地段。学校布置要避开噪声干扰大的地方，同时减少学校本身对居民的影响，图5-4-3是一些居住区中小学布置的一些常见位置。

2. 教育类设施建筑设计要点

（1）幼儿园、幼托所建筑设计要点

幼儿园、幼托所是对幼儿进行保育和教育的机构。一般情况下，幼儿园的规模（包括托、幼合建的）为：大型幼儿园10~12个班，中型幼儿园6~9

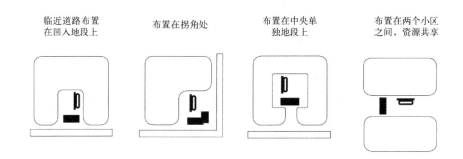

图5-4-3 小学布置位置示意图

个班，小型幼儿园 5 个班以下。其中，托儿所小、中班每班人数 15~20 人，幼儿大班 21~25 人；幼儿园小班每班人数 20~25 人，中班 26~30 人，大班 31~35 人。

在对幼儿园、幼托进行建筑设计时，须考虑以下几点设计要求。

1）基地选择应远离各种污染源，避免交通干扰，日照充足，场地干燥，总体状布置应做到功能分区合理，创造符合幼儿生理、心理特点的环境空间；

2）托儿所、幼儿园的服务半径以 500m 左右为宜；

3）应设有集中绿化园地，并严禁各种有毒、带刺植物；

4）平面布置应功能分区明确，避免相互干扰，方便使用管理，有利交通疏散。杂物与幼儿活动场地隔离，并设专用出入口；

5）活动室容量及尺度：活动室容纳人数为 30 人左右，面积为 50~60m^2，净高为 2.8~3.1m；活动室的门窗要求坚固耐用，确保幼儿的安全；地面材料宜用暖性、弹性地面，墙面所有转角应做成圆角；加设采暖设备应做好防范措施；

6）除必须设置各班专用场地外，还应设有全园公用的室外游戏场地。场地应设置游戏器具。30m 沙坑、洗手池和水深不超过 0.3m 的戏水池。并可适当地布置一些小亭、花架、动物园、园圃，以及供儿童骑自行车用的小路；

（2）中小学建筑设计要点

一般情况，小学 12~24 个班规模为宜（农村可有 6 班或更小规模），中学以 18~24 个班规模为宜，大中城市密集区，可设 30 班规模学校。中小学服务半径、班级人数以及人均建筑面积等可参考以下指标：学校服务半径——小学不大于 500m，中学不大于 1000m；每班学生——小学每班 45 人，中学每班 50 人；人均建筑面积——小学每生 5.6~8.0m^2；中学每生 8.1~9.6m^2。

中小学平面布局与组合应满足以下设计要求：

1）平面布置功能明确，布局合理，联系方便，互不干扰，满足教学与教学的卫生要求。

2）很好的解决朝向、采光、通风、隔声等问题。教学用房冬至日底层满窗日照不少于 2h。受噪声影响，教室长边和教室与运动场的间距不应小于 25m。

3）学校主入口不宜开向城镇干道。如必须开向干道，校门前应留出适当的缓行地带。

4）建筑容积率：小学不大于 0.8，中学不大于 0.9。

5）运动场地：课间操，小学 2.3m^2/生，中学 3.3m^2/生；篮、排球场最少 6 个班设一个；足球场可根据条件，也可设小足球场；有条件时，小学高、低年级可分设活动场地；田径场，根据条件设 200~400m 环形跑道。当城市用地紧张时，至少应考虑设置小学 60m、中学 100m 直线跑道；球场、田径场长轴以南北向为宜。球场和跑道皆宜采用弹性材料地面（图 5-4-4）。

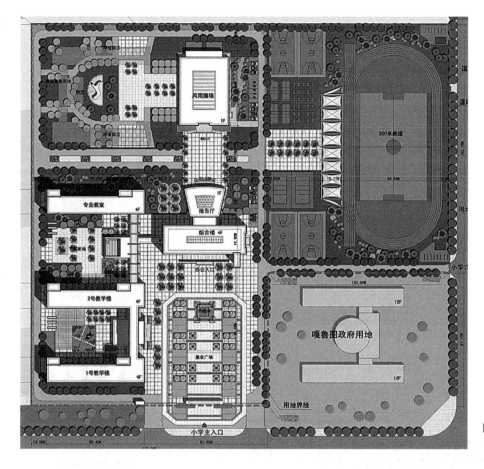

图 5-4-4 小学平面布
局实例

（3）中小学建筑在平面组合方面应尽量满足以下原则：

1）教学用房大部分要有合适的朝向和良好的通风条件。朝向以南向和东南向为主。注意北方地区的室内通风。为了采光通风，教学楼以单内廊或外廊为宜，避免中内廊。

2）各教室之间应避免噪声干扰，应采取措施将室内噪声级降至 50dB 以下。

3）组织好人流疏散各个部位，处理好各种房间的关系。

4）处理好学生厕所与饮水位置，避免交通拥挤，气味外溢。

某小学平面图与剖面图实例见图 5-4-5、图 5-4-6。

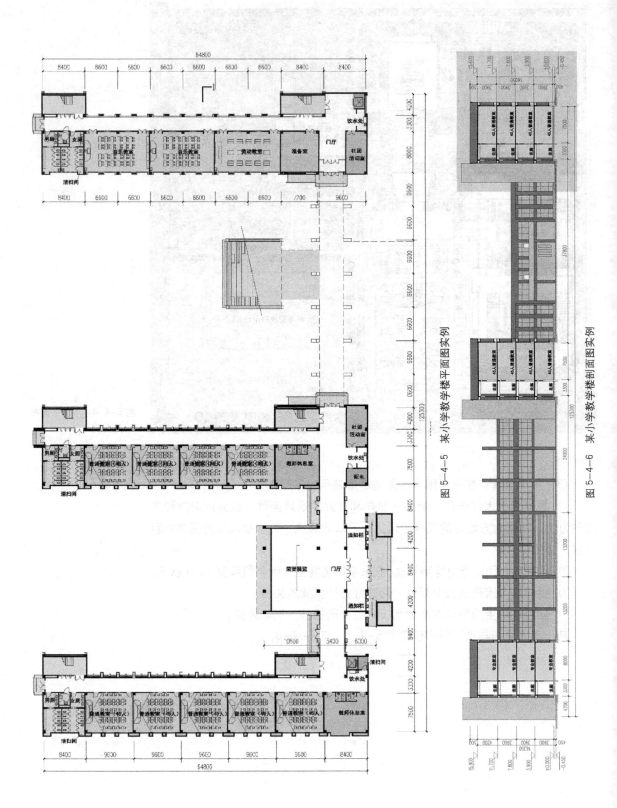

图 5-4-5 某小学教学楼平面图实例

图 5-4-6 某小学教学楼剖面图实例

5.5 居住区道路系统及停车设施规划设计

5.5.1 居住区道路分类、分级及基本要求

1. 居住区道路的类型

居住区道路是城市道路的重要组成部分，具有集散、组织车辆交通与人流交通的作用，不同性质的道路具有不同的功能。居住区内的道路按性质可分为步行道和车行道两种，其中，车行道（含人行道）几乎负担居住区（居住小区）内外联系的所有交通功能。步行道作为各类用地与户外活动场地的内部道路以及局部联系道路，更多地具有休闲功能。

在人车分行的居住区（或居住小区）交通组织体系中，车行交通与步行交通互不干扰，车行道与步行道各自形成独立完整的道路系统。

2. 居住区道路的分级

居住区内的道路，根据居住区规模大小，并综合交通方式、交通工具、交通流量以及市政管线敷设等因素，将道路作了分级处理，使之有序衔接，有效运转，并能节约用地。

居住区道路分为居住区级道路、小区级道路、组团级道路、宅间小路四级。对于一些特殊地段，考虑结构组织、交通需求、环境及景观布置，可适当增减，如增加商业步行街、滨水景观休闲步道等。

(1) 居住区级道路

居住区级道路是居住区的主干道。作为居住区与城市道路网相衔接的中介性道路，在城市中往往为城市支路或城市次干道。居住区道路不仅要满足进出居住区的人行和车行交通需要，还要保证各种基础设施（如市政管线、照明灯柱）和绿化的合理布置。

居住区级道路（图5-5-1）用以解决居住区内外交通的联系，道路红线宽度一般为20~30m。车行道宽度不应小于9m，如需通行公共交通时，应增至10~14m，人行道宽度为2~4m不等。

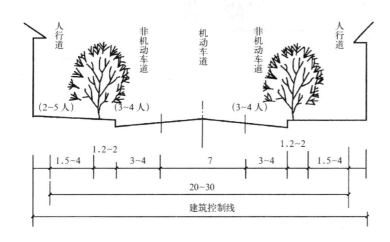

图5-5-1 居住区级道路

(2) 居住小区级道路

小区级道路是居住区的次干道，也是居住小区的主干道，具有沟通小区内外关系、划分居住区组团的功能。主要通行私人小轿车、内部管理机动车、非机动车与人行通道，不允许引进公共电、汽车交通，同时需要保证紧急情况下的消防、救护车辆的通行。

居住小区级道路（图5-5-2）用以解决居住区内部的交通联系。道路红线宽度一般为10~14m，车行道宽度6~8m，人行道宽1.5~2m。

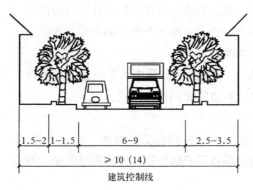

图5-5-2 居住小区级道路

(3) 组团级道路

组团级道路（图5-5-3）是主要用于沟通组团的内外联系，是居住小区的支路，也是居住组团的主路。主要通行内部管理机动车、非机动车与行人，同时满足地上、地下管线的敷设要求。

住宅组团级道路用以解决住宅组群的内外交通联系，车行道宽度一般为4~6m。

(4) 宅间小路

宅间小路（图5-5-4）是进出住宅及庭院的道路，主要通行自行车及人流，但要满足清理垃圾、救护、消防和搬运家具等需求，一般宽度不小于2.6m。

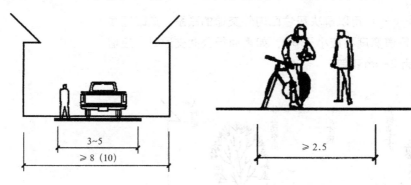

图5-5-3 居住组团级道路（左）
图5-5-4 宅间小路（右）

3. 居住区的道路组织形式

(1) 人车分行

"人车分行"的路网系统是指"人"、"车"交通相互分离，形成各自独立存在的路网组织系统，是适应居住区内大量居民使用小汽车后的一种路网组织形式。"人车分行"的路网系统于20世纪20年代在美国首先提出，并在纽约郊区的雷德朋居住区中实施。"人车分行"道路交通组织目的在于保证居住区内部安静与安全，使区内各项生活功能正常舒适地进行，避免大量私人机动车交通对居住环境的干扰。

"人车分行"的路网系统中机动车道路一般采用"外环路＋尽端路"的路网形式。

（2）人车混行与局部分行

人车混行的路网系统是指机动车交通和人行交通共同使用同一套路网。这种交通组织方式在私人小汽车不多的国家和地区，既方便又经济，是一种常见而又传统的居住区交通组织方式。

人车局部分行的路网系统是指在人车混行的道路系统基础上，另设置一套联系居住区内各级公共服务中心及中小学的专用步行道路，车行道与步行道交叉处不采用立交。

（3）人车共存

这种道路系统更加强调人性化的环境设计，认为人车不应是对立的，而应是共存的，将交通空间与生活空间作为一个整体，使各种类型的道路使用者都能公平地使用道路进行活动。

4. 居住区的道路网的布局形式

（1）基本道路模式

一般地，对于居住区内的一条道路来说，从形态方面来看基本呈现贯通式、环通式、尽端式三种形态（图5-5-5）；通过组合，可以形成格网模式、内环模式和外环模式三种基本的道路模式。这三种模式在交通可达性、交通效率、交通安全性、交通私密性四方面存在不同差异，见表5-5-1。

1）格网模式：由若干条贯通式的道路纵横交错组成（图5-5-6）。这种道路形成的居住区拥有多个出入口，住宅群均匀地分布在网格形状的块状空间内。

2）内环模式：由一条环通式和若干尽端式道路组成，环通式的主干道穿过居住区中部，尽端道路分布在环通式道路的周边（图5-5-7）。这种道路形成的居住区通常拥有两个出入口，住宅群分布在尽端式道路附近的空间内。

3）外环模式：由一条环通式和若干尽端式道路组成，环通式的主干道分布在居住区边缘，尽端道路分布在环通式道路的一侧（图5-5-8）。这种道路形成的居住区通常拥有两个出入口，住宅群分布在尽端式道路附近的空间内。

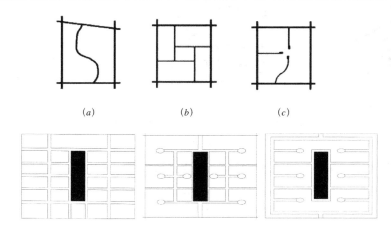

(a)　　　　(b)　　　　(c)

图 5-5-5　居住区道路基本形态
(a) 贯通式；
(b) 环通式；
(c) 尽端式

图 5-5-6　格网模式示意图（左）
图 5-5-7　内环模式示意图（中）
图 5-5-8　外环模式示意图（右）

	三种基本道路模式差异性	表5—5—1
交通可达性	通常表现在居住区对外交通方面。格网模式的居住区出入口较多，方便对外出行，对外交通的可达性最高。环状模式由于出入口较少，且支路多为尽端式，故而内环模式次之，外环模式最低。同时我们发现僵化地运用网格模式，会对居住生活产生干扰，并且不利于小区的管理	
交通效率	通常反映在道路的网格化程度，出行路线的多样性程度以及机动车的通达性和非机动车的易达性方面。格网模式由于主支干路交错，可供选择的线路较多，交通效率最高，内环模式次之，外环模式最低	
交通安全性	格网模式中贯通式道路交错十字路口较多，非机动车与机动车互相并行，各种流线相互交叉，安全性最低。外环模式属于典型的人车分离的交通组织方式，道路的布局使得机动车最大限度地被限制在居住群的外部，居住的安全性得以提高。内环模式的安全性介于两者之间	
道路私密性	格网模式中的贯通式道路很容易对家居生活造成干扰，很多住宅与街面相邻，生活私密性最低。相对而言，内环和外环模式中均存在着尽端式道路，容易营造空间的领域感，归属感非常强，促进了邻里之间的交往	

(2) 道路网布局形式

实际中，基本通过对三种基本的道路模式进行排列、叠加、变化等变异衍生，相互弥补不足，最终得到灵活变化的道路网和丰富的居住区空间形态。

1) 常见的类型 1（图 5—5—9）

常见的类型1为格网模式和外环模式的结合形式，内环挂在格网的骨架上。该类型的道路布局，主干道（居住区级道路）将整个居住区均匀地划分为不同的块。对于由居住组团组成的居住区来说，居住组团内部的道路（居住组团级道路）常常为外环式，这样外环式道路的外部主干道就与格网道路的主干道相重合，整个居住区的道路网更类似于一个格网的模式。这种道路布局通常更适合于安置大量居民的居住区。

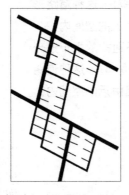 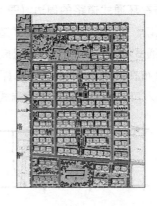

图 5—5—9　常见类型 1 示意图与示例

2) 常见的类型 2（图 5—5—10）

常见的类型 2 为双重环路的套用。多为内环道路与外环道路的结合以及双重内环道路的叠加。这种类型的道路布局，主干道（居住区级道路）通常在居住区内呈外环形或者内环形。第二重环形道路系统从第一重道路系统衍生来。对于居住组团来说，内部的道路（居住小区级或居住组团级道路）就为第二重环形道路，环形道路发散出尽端路，通往各个住宅群。因而整个居住区的道路布局呈现双重环路的道路形态。

3）常见的类型 3（图 5-5-11）

常见的类型 3 为格网模式的变异，通过加法、减法原则，减少局部路段，增加尽端路衍生而来。这种类型的道路布局，主干道（居住区级道路）将整个居住区划分为面积不同的块。居住组团内部的道路（居住组团级道路）常常为尽端式。这种道路布局通常适合于地形比较特殊的居住区。

4）常见的类型 4（图 5-5-12）

常见的类型 4 为内环模式，格网模式和尽端式道路的结合。这种类型的道路布局模式多见于大型居住区，主干道（居住区级道路）通常在居住区内呈内环形。对于其中的居住小区或居住组团来说，内部的道路多为格网模式和尽端路的组合。整个居住区的布局因而呈现轻松活泼的形态。

5）常见的类型 5（图 5-5-13）

常见的类型 5 为内环模式与外环模式的结合，并且布置在格网体系之上。这种类型的道路布局，主干道（居住区级道路）通常在居住区内呈内外双环形。居住组团集中在两环之内，同时通过贯通式的道路与两环相联系。

6）常见的类型 6（图 5-5-14）

常见的类型 6 为外环模式的分解与衍生。这种类型的道路布局方式比较自由，一般地，主干道（居住区级道路）呈外环形，将整个居住区包围，从外环的道路上发散出内环式和尽端道路。居住组团集中在内环式和尽端道路周围。居住区的布局常常结合地形，呈现出轻松自由的形态。

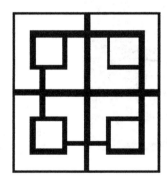

图 5-5-10　常见类型
2 示意图与示例

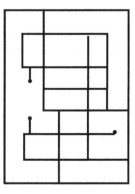

图 5-5-11　常见类型
3 示意图与示例

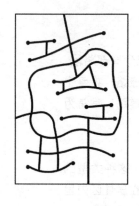

图 5-5-12　常见类型4示意图与示例

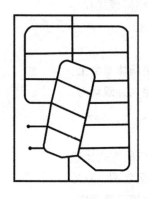
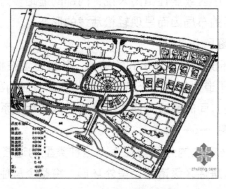

图 5-5-13　常见类型5示意图与示例

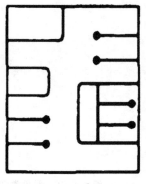
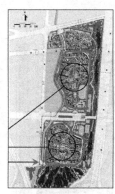

图 5-5-14　常见类型6示意图与示例

5.5.2　居住区道路的技术构成

居住区道路的技术构成包括道路的设计要求、宽度与线形、绿化的布置等。

1. 居住区道路规划设计要求

居住区道路的规划布置，应考虑以下基本要求：

（1）根据地形条件、气候因素、居住区规模和用地四周的环境条件，以及城市交通系统的组成、居民的出行方式等，建设安全、方便的居住区道路交通系统；在保证技术、经济前提下，尽可能结合地形和现有建筑与道路，创造宜人的居住环境。

（2）当公共交通线路引入居住区级道路时，应采取措施，减少交通噪声对居民的干扰；居住小区应避免过境车辆的穿行，但应适于消防车、救护车、商店货车和垃圾车等的通行，又应维护院落的完整性和利于治安保卫。

（3）道路的宽度，除满足居住区人流、车流交通通行外，各级道路宽度应满足日照间距、通风和地上地下工程管线的埋设要求。居住区道路各构成部分的最小宽度如下。

1）机动车车行道单车宽度 3~3.5m，双车道宽 6~6.5m；

2）自行车单车宽度 1.5m，双车道宽度 2.5m；

3）人行道设于车行道的两侧或一侧，主要供行人通行、行道树绿化、地下管线布置。布置单排行道树的人行道最小宽度为 1.5m，并按 0.5m 的倍数递增。其中专供行人通行的人行步道最小宽度为 0.75~1m。

（4）出入口布置，即居住区与城市道路的连接。为避免进出居住区的人流与城市道路车流的相互干扰，机动车出入口一般不允许布置在城市快速路、主干路上，同时城市道路交叉口 70m 范围内也不宜布置机动车出入口。居住区道路与城市次干道、支路相接时，其交角不宜小于 75°；平面交叉口视距三角形范围内妨碍驾驶员视线的障碍物应清除；交叉口转角处的缘石宜做成圆曲线或复曲线，缘石转弯最小半径应满足机动车行车要求。

（5）为减少人流和车流的干扰，一般情况下，居住区人行道和行车出入口尽可能分开布置。为保证紧急情况下的疏散和救护，以及方便行人和车辆的进出，居住区内主要道路至少有两个方向与外围道路相连。每个小区至少有两个车行出入口，且机动车道出入口的间距不应小于 150m。

（6）在居住区公共活动中心，应设置为残疾人通行的无障碍通道。通行轮椅车的坡道宽度不应小于 2.5m，纵坡不应大于 2.5%。

（7）机动车道、非机动车道和步行路的纵坡应满足相应的道路纵坡要求。对机动车与非机动车混行道路的纵坡宜按非机动车道的纵坡要求控制。地面坡度大于 8% 时应辅以梯步，并在梯步旁设自行车推行车道。

（8）尽端路的长度不宜超过 120m，在尽端处应设 12m×12m 的回车场地；沿街建筑物长度超过 150m 时应设宽度和高度均不小于 4m 的消防车通道，建筑物长度超过 80m 时应在建筑物底层设人行通道，以满足消防规范的有关要求。

2. 道路横断面组成及宽度

居住区道路有车行道（机动车道、非机动车道）、人行道两大部分组成。

道路横断面是指沿道路宽度方向、垂直道路中心线所做的剖面。居住区道路横断面需要保证车辆（机动车、非机动车）、行人通行及绿地（行道树、绿篱）布置的要求。一条机动车道宽度在 3~4m 之间，一条非机动车道的宽度为 1m，一条人行步道的宽度一般为 0.75~1m，道路两侧的人行道、绿化一般高于或与机动车道同高，绿化占道路总宽度的比例一般为 15%~30%。此外，为保证排水要求，道路横向一般有 1%~2% 的排水坡度。

居住区级道路（图5-5-1）的宽度，应确保机动车、非机动车及行人的通行，同时提供足够的空间供地上与地下管线敷设，并有一定宽度供种植行道树、草坪、花卉等各类绿地。按各构成部分的合理尺度，居住区级道路的最小红线宽度一般不宜小于20m，必要时可增至30m。机动车道与非机动车道在一般情况下采用混行方式，车行道宽度不应小于9m。

小区级道路（图5-5-2）的宽度，应保证小轿车、机动车、行人及小区内市政管线的敷设要求。非采暖区六种基本管线（给水、雨水、污水、电力、电信、燃气），建筑控制线间距最小限制为10m；在采暖区，由于暖气沟埋设置要求，建筑控制线的最小宽度为14m。小区级道路的车道宽度，要满足机动车错车要求，一般情况下为6~9m。

组团级道路（图5-5-3）一般人车混行，路面宽度为3~5m。为满足地下管线的埋设要求，其两侧建筑控制线宽度非采暖区不小于8m，采暖区则不小于10m。

宅间小路（图5-5-4）宽度，考虑机动车辆低速缓行的最小交通行宽度要求，以及行人步行的舒适性，一般为2.5~3m。

为不影响建筑、构筑物的使用功能，并保证行人及车辆的安全，有利于安排地上、地下管线、地面绿化和各种使用设备，并丰富街道的立面与景观，对临街的建、构筑物，以适应后退红线，与道路应保持一定的间距（表5-5-2）。在具体规划中，在保证最小间距的前提下，可视用地条件情况，适当考虑主体建筑的空间比例尺度（图5-5-15），以取得更好的空间环境效果。

道路边缘至建、构筑物最小距离（m）   表5-5-2

与建、构筑物关系	道路级别	居住区道路	小区路	组团路及宅间小路
建筑物面向道路	无出入口	高层 5 多层3	3 3	2 2
	有出入口	—	5	2.5
建筑物山墙面向道路		高层 4 多层2	2 2	1.5 1.5
围墙面向道路		1.5	1.5	1.5

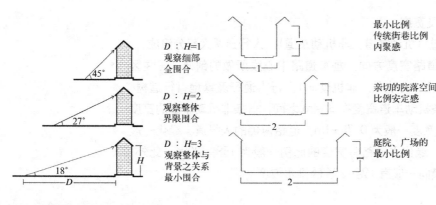

图5-5-15 主体建筑的空间比例与空间感受示意图

3. 道路线形

道路线形主要指居住区内车行道的形状，包括平面线形与纵断面线形，并受用地条件、地形地貌、居住区功能与结构的影响。道路线形（包括平面线形与纵断面线形）由直线、曲线组合而成。曲线长度和直线长度均不能太短，以利于车辆顺利通行。对线形起控制作用的部位有居住区的车行出入口、道路交叉点、转弯点、尽端车场的位置等。

（1）平面线形

道路平面线形宜由直线、平曲线组成，平曲线宜由圆曲线、缓和曲线组成。当设计速度小于40km/h时，缓和曲线可采用直线代替，即居住区级及以下道路缓和曲线可采用直线代替。应处理好直线与平曲线的衔接，合理地设置缓和曲线、超高、加宽等。

道路圆曲线最小半径应符合表5-5-3的规定。一般情况下应采用大于或等于不设超高最小半径值；当地形条件受限制时，可采用设超高最小半径的一般值；当地形条件特别困难时，可采用设超高最小半径的极限值。

居住区道路圆曲线最小半径 表5-5-3

设计行车车速（km/h）		40	30	20
不设超高时圆曲线最小半径（m）		300	150	70
设超高时圆曲线最小半径（m）	一般值（m）	150	85	40
	极限值（m）	70	40	20

注：居住区级道路相当于城市次干道或城市支路，设计行车速度约30~40km/h，小区级道路及组团道路设计行车速度约20~30km/h。

平曲线与圆曲线最小长度应符合表5-5-4的规定。

居住区道路圆曲线最小半径 表5-5-4

设计行车车速（km/h）		40	30	20
平曲线最小长度（m）	一般值（m）	110	80	60
	极限值（m）	70	50	40
圆曲线最小长度（m）		35	25	20

注：同表5-5-3。

居住区道路交叉口转弯半径应符合表5-5-5的规定。

居住区道路交叉口路缘石半径 表5-5-5

交叉口转弯车辆设计行车速度（km/h）	20	10~15
路缘石转弯最小半径（m）	10~15	5~10

注：交叉口转弯车辆设计行车速度按路段设计速度的50%计。

居住区内尽端道路的长度不宜大于120m；同时为方便车辆进退、转弯或调头，应在道路的末端设置回车场，回车场的面积不小于12m×12m。回车场的形状与尺度根据使用车型和地形条件决定（图5-5-16）。

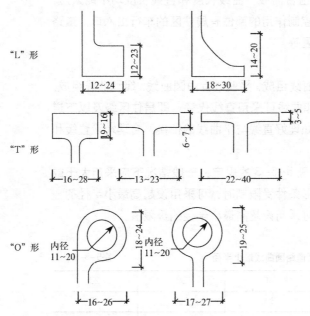

注：图中下限值使用于小型车（车长5m，最小转弯半径5.5m）
图中上限值使用于大型车（车长8~9m，最小转弯半径10m）

图5-5-16 回车场形状与尺度

(2) 道路坡度

坡度为道路单位长度上升或下降的高度，用%表示。为确保居住区内的行车安全与舒适，道路纵坡宜缓顺，起伏不宜频繁。为保证排水需要，道路的最小纵坡一般不低于0.3%~0.5%。道路的最大纵坡，考虑非机动车道通行时不超过2.5%~3.5%，一般情况下不超过8%~9%，并符合表5-5-6的规定。

居住区内道路纵坡控制指标　　　　　　　　表5-5-6

道路类别	最小纵坡（%）	最大纵坡（%）、大纵坡时最大坡长（m）	多雪严寒地区最大纵坡（%）、大纵坡时最大坡长（m）
机动车道	0.2	8.0、200	5.0、600
非机动车道	0.2	3.0、50	2.0、100
步行道	0.2	8.0	4.0

(3) 道路绿化

道路绿化具有为行人遮阴、保护路基、美化街景、防尘隔音等功能，其布置方式有"树池式"和"带式"两种（图5-5-17）。树池式通常用于人行道较窄或行人较多的街道上，种植的行道树可布置在人行道中部或边缘，但不影响车辆、行人通行及路两侧建筑的使用，树池形状有方形和圆形（一般边长或直径大于1.5m）。"带式"则是在人行道和车行道之间留出一条绿化带，可种植灌木、草皮、花卉，也可种植乔木形成林荫。

（4）人行梯道

当居住区用地坡度或道路坡度大于8%时，应辅以梯道，并在梯道一侧附设坡道供非机动车上下推行。梯道最小宽度应能保证两人并行，一般不低于1.5~2.0m。坡道坡度比不小于15/34,同时长梯道每12~18级应考虑设置平台，以供行人歇息。

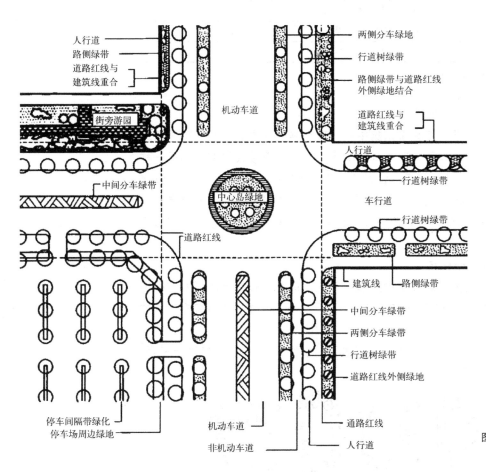

图5-5-17 绿化标准平面设计实例

5.5.3 居住区停车设施的规划设计

居住区内必须配套设置机动车与非机动车的停车场（库），并应遵循以下要求：①居民汽车停车率不应小于10%；②居住区内地面停车率（居住区内居民汽车的停车位数量与居住户数的比率）不宜超过10%；③居民停车场、库的布置应方便居民使用，服务半径不宜大于150m；④居民停车场、库的布置应留有必要的发展余地；其规划指标一般为：经济发达地区居住区内汽车停车位按照居住建筑面积100~200m² 设置一个停车位；经济不发达地区居住区内汽车停车位按照居住建筑面积200~300m² 设置一个停车位；别墅住宅甚至要求每户1~2个停车位；⑤在居住区内公共活动中心、集贸市场和人流较多的公共建筑，必须相应配建公共停车场（库），并应符合表5-5-7规定。

配建公共停车场（库）停车位控制指标　　　　　　　　　　表5-5-7

名称	单位	自行车	机动车
公共中心	车位/100m²建筑面积	7.5	0.3
商业中心	车位/100m²营业面积	7.5	0.3
集贸市场	车位/100m²营业面积	7.5	—
饮食店	车位/100m²营业面积	3.6	1.7
医院、门诊所	车位/100m²建筑面积	1.5	0.2

注：本表机动车停车位以小型汽车为标准当量表示。

1. 停车场、停车点的布置

居住区机动停车场、点宜采用集中和分散相结合的方式布置，可采用路边停车点、集中停车场等具体形式（图5-5-18）。规模较大的停车场是一种露天集中停放方式，为便于使用、管理和疏散，宜布置在与居住区主、次道路毗连的专用场地上。分散设置的小型停车场和停车点由于规模小，布置自由灵活，形式多样，使用方便，可利用路边、庭院以及边角零星地。缺点是零散不易管理，影响观瞻。

（1）停车场的面积标准

居住区停放场要注意适当的规模与形式。停车方式的具体形式应根据停车场（库）的性质、疏散要求和用地条件等因素综合考虑，各种停车方式的占地面积见表5-5-8。

此外，停车场和停车位均应做好绿化布置，增加绿荫，保护车辆防止暴晒、

图5-5-18　路边停车点、集中车场的布置

降解噪声和空气污染，一般要求室外停车场的绿地率高于30%，同时在场内可采用铺装地面，提高绿地率，变硬质景观为软质景观。

机动车停车场的面积标准 　　　　表5-5-8

停车场的形式	单位停车面积（m²/车）
专用地面停车场	25~30
专用车库	30~35
路边停车带	16~20

（2）停车场的交通组织

机动车的停放方式与交通组织时停车设施的核心问题，重点解决停车场地内的停车与车通道关系，及其与外部道路交通的关系，使车辆进出顺畅、线路短捷、避免车辆流线的交叉干扰。

1）停车场内的交通组织

停车场内的交通组织应重点处理停车位与行车通道的关系。机动车停放的基本方式有三种基本形式，即平行式、垂直式和斜列式（图5-5-19）。

车辆的停放与发车方式有前进式停车、前进式发车，后退式停车、前进式发车，前进式停车、后退式发车等（图5-5-20）。停车位与行车通道关系，常见的有一侧通道一侧停车、中间通道两侧停车、两侧通道中间停车以及环形通道四周停车等多种形式（图5-5-21）。行车通道可分为单车道或双车道。双车道比较合理，但用地面积较大；中间通道两侧停车，车行道利用效率高，目前国内采用这种形式较多；两侧通道通车时，若只停一排车，则可一侧顺进，一侧顺出，进出车位迅速、安全，但占地面积大，只有紧急进出车要求的情况采用，且一般中间停放两排车。此外，当采用环形通道时，尽可能减少车辆的

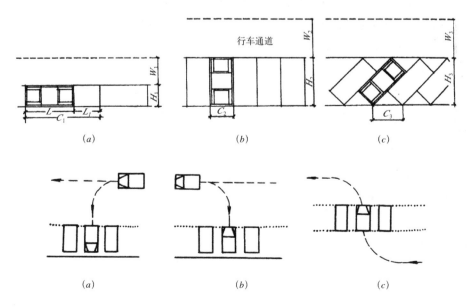

图 5-5-19 车辆停放的基本形式
(a) 平行式；
(b) 垂直式；
(c) 斜列式（45°）

图 5-5-20 车辆的停车与发车方式
(a) 前进式停车、后退式离开；
(b) 后退式停车、前进式离开；
(c) 前进式停车、前进式离开

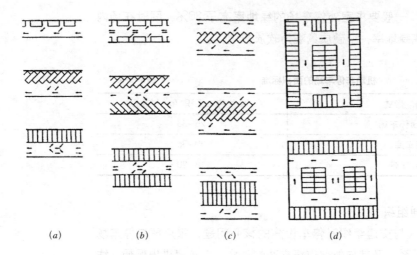

图 5-5-21 停车位与
行车通道关系

(a) 一侧通道，一侧停车；
(b) 中间通道，两侧停车；
(c) 两侧通道，中间停车；
(d) 环形通道，四周停车

(a)　　　(b)　　　(c)　　　(d)

转弯次数。

2) 停车场与外部道路的联系

停车场出入口一般布置在居住区、小区主入口附近，但与城市交叉口应有一定的距离，切不宜设置在城市起主干作用的快速路、主干路上。与停车场连接的道路宜作为城市支路、小区路、组团路。

进出停车场的交通流线与场内交通流线不宜相互交叉，同时应尽量减少场地车行线与人行交通流线的相互干扰。将停车场通行车道、出入口与外部道路贯通起来，使进出车辆顺畅便捷，疏散迅速。

2. 汽车库的设置

汽车库停车是一种室内停车形式，利于管理和维护，安全可靠，占地少，但投资较大。

(1) 汽车库的一般形式

停车库有单建式、附件式及混合式三种基本形式，每一形式有地上、地下之分，并有低层、多层之别。室内地坪低于室外地坪面高度超过该层车库净高一半时为地下汽车库，反之则为地上停车库。

(2) 汽车库的基本要求

根据《城市公共停车场工程项目建设标准》（建标 128-2010）规范要求，地下停车库与地上停车楼停车位建筑面积为 $30\sim40m^2$/ 车；机械式停车位建筑面积为 $15\sim25m^2$/ 车。

地上汽车库，当停车位大于 50 辆车时，出入口不少于 2 个；地下车库当停车位大于 100 辆时，出入口不少于 2 个；同时出入口之间的距离不小于 10m，单向车道宽度不小于 4m，双向车道不小于 7m；汽车库出入口离城市道路交叉口的距离一般应大于 70m。

(3) 汽车库的垂直交通

地下汽车库的地上与地下、多层汽车库的层与层之间的垂直交通方式有坡道式和机械式两种。坡道式对居住区较为适宜，它还有以下几种形式（图

5-5—22)。

1) 长直线型：上下方便，结构简单，在地面上的切口规整，采用较多。

2) 短直线型：使用方便，节省面积，结构复杂，适于多层车库。

3) 倾斜楼板型：由坡度很缓的（5%）停车楼面连续构成，无需再设专用的坡道，节约用地，但交通线路较长，对车位有干扰。

4) 曲线型：主要优点是节约空间，能适应狭窄的基地，为使行车安全，必须保证适当的坡度和足够宽度。

3. 自行车停车场的设置

自行车停车场位置的选择应结合居住区内的道路、公共建筑与居住建筑布置，以中小型规模、分散与就近设置为主。对于人流集中的场所，如居住区、小区内的超市、会所、出入口等地，应在四周设置固定的专用自行车停车场，并根据其容纳人数估算其存放量。自行车的停放有垂直式和斜列式两种（图5-5—23），其平面布置可根据场地条件，采用单排或双排布置方式。

自行车停车场出入口不应少于两个，出入口宽度应满足两辆车同时进出，一般为 2.5~3.5m。场内停车场区分应分组安排，每组场地长度以 15~20m 为宜。

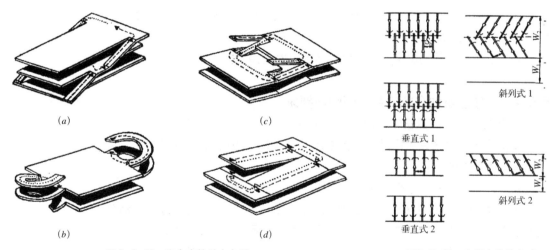

图 5-5—22　汽车库的垂直交通
(a) 长直线型；(b) 曲线型；(c) 短直线型；(d) 倾斜楼板型

图 5-5—23　自行车停放方式

5.6　居住区绿地规划设计

5.6.1　居住区绿地的组成与主要功能

1. 居住区绿地的组成

居住区绿地按照归属与性质不同可分为公共绿地、公共建筑和公用设施附属绿地、宅旁和庭院绿地和道路绿地四类。

(1) 公共绿地：居住区内的公共绿地应根据居民生活的需要，居住区的规划结构分类分级。通常包括社区公园、居住区公园（居住区级）、儿童公园（居住区级或小区级），小区游园（小区级）、儿童游戏和休憩场地（组团级）。

（2）公共建筑和公用设施附属绿地：指居住区内的医院、学校、幼托机构等用地内的绿化。

（3）宅旁和庭院绿地：指住宅四旁绿地。

（4）街道绿地：指居住区内各种道路的行道树、分隔绿带等绿地。

2. 居住区绿地的主要功能

居住区绿地与居住日常生活息息相关，其主要功能可归纳为以下几点：

（1）植物造景——乔、灌木及地被植物的合理搭配，能有效地美化环境，并通过树群、树丛、孤植树等种植的手法，来创造植物造景的效果。

（2）组织空间——通过植物的围合，行植来围合及分割空间，并和建筑、小品、场地等一起来组织空间。

（3）遮阳及降温——植物种植在路旁、庭院，房屋两侧，可在炎热季节起到遮阳、降低太阳辐射的功能,并具有蒸腾作用,通过水分蒸发降低空气温度。

（4）防尘——地面因绿化覆盖，黄土不裸露，可以防止尘土飞扬。

（5）防风——迎着冬季的主导风向，种植密集的乔木灌木林，能够防止寒风侵袭。

（6）隔声降噪——为减少交通、人流对居住环境的噪声影响，可通过适当的绿地设计起到隔声降噪的效果。

（7）防灾——绿地的空间可作为城市救灾时备用地。

5.6.2 居住区绿地布置的基本原则与要求

1. 居住区绿地布置基本原则

要满足人们对居住区绿地的使用要求和认同感，吸引人们到绿地去活动，必须遵循以下原则：

（1）可达性——绿地尽可能接近住所，便于居民随时进入

无论集中设置或分散设置，公共绿地都必须设在居民经常经过并自然到达的地方，便于周围的住宅都能就近享受；便于居民自由地使用绿地，周围不宜设置围墙等障碍物，以免降低绿地的使用率。居住区、小区绿地的主要功能是给人用的，不能为了好管理而设置障碍，忽略了可达性。

（2）功能性——绿化布置要讲究实用

必须从实用和经济出发，主要选择生长快,适合当地气候、土壤条件的"乡土树种"。绿地内必须有一定的铺装地面，供老人、成年人锻炼身体和少年儿童游戏，但不要占地过多而减少绿化面积。按照功能需要，座椅、庭院灯、垃圾箱、沙坑、休息亭等小品也应妥善设置，但不宜搞多余的昂贵的观赏性的建筑物和构筑物。

小区级绿地可集中起来放在小区的几何中心，也可结合地形放在小区一侧，或分成几块，或处理成条状。近些年来出现了全国千篇一律的模式：小区绿地内布置水体。在节电节水的情况下，水池里不是无水.就是盛的污水。尤其是在寒冷的地区，进入冬季后，水池和喷泉等于虚设，反而成为不洁净的大

坑，破坏景观。

（3）亲和性——让居民在绿地内感到亲密与和谐

居住区绿地，尤其是小区绿地一般面积不大，必须掌握好绿化和各项公共设施，包括各种小品的尺度，使它们平易近人，当绿地向一面或几面开散时，要在开散的一面用绿化等设施加以围合，使人免受外界视线和噪声等的干扰。当绿地为建筑所包围，产生封闭感时则宜采取"小中见大"的手法，造成一种软质空间，"模糊"绿地与建筑的边界。同时防止在这样绿地内放进体量过大的、建筑或尺度不适宜的小品。

（4）原始性——原有地形地貌的利用与改造

原有起伏的地貌不要轻易变动，只要不影响排水，就要充分保护利用，进行必要的改造。等高线要自然流畅，与植物坛、台的边界线平行或垂直。基地上原有树木要尽量保留，尤其是古树和成年的树木，不仅要保护，而且要考虑到组织规划布局中去。

利用原有水系或改造洼地。在绿地中，布置一定规模的水体来美化居住环境，但是要形成水体要有两个基本条件，一是水源，要同当地的流动水系沟通，能经常供应清洁的水；如果不能与流动水系沟通，也应有其他人工供水来源，不致因缺水干涸或成为死水而污染环境。二是将水体融汇在绿化和建筑之间，处理好岸型，使其曲线流畅；注意水面与地面宜尽量接近，给人以相互渗透之感；砌筑堤岸宜采用自然材料。地面与水面高差大时，可做成缓坡或采取跌落的办法，使两者接近。

2．居住区绿地布置要求

（1）形成系统

居住区绿地是由植物、地面、水面以及各种建筑小品组成。它是居住区空间环境中不可缺少的部分，也是城市绿化系统的有机组成部分，绿化的规划设计必须将绿地的构成元素，结合周围建筑的功能特点、居民的行为心理需求和当地的文化艺术因素综合考虑，形成一个具有整体性的系统。

整体系统首要从居住区规划的总体要求出发，反映出地域特色，然后要处理好绿化空间与建筑物的关系，适当在居住区内利用草皮、不规则的树丛、活泼的水面、山石等，创造出接近自然的景观，将室内和室外环境紧密地连接起来，让居民感到亲切、舒畅。

绿化形成系统的重要手法就是"点、线、面结合"，保持绿化空间的连续性，让居民随时随地生活和活动在绿化环境之中。对居住区绿地来说，宅间绿地和组团绿地是"点"，沿主要道路的绿化带是"线"，小区小游园和居住区公园是"面"。

（2）分级设置与设置标准

1）分级设置

根据我国实际情况，居住区绿地分为居住区公园、小区小游园、组团绿地及宅间绿地四级。

居住区公园是居民在节假日和业余休闲时间乐于逗留的地方，也是老年人和成年人早上锻炼身体的去处。一般 3 万人左右的居住区可以有 2~3hm² 规模的公园。公园布置应以绿化为主，充分的绿化是居民到这里来的必要条件。同时，按照居民活动需求（特别是早晨日益增加的成、老年人锻炼身体的需求），应在适当的位置设置必要的设施。茂盛树木和必要的活动休息游戏场地是居住区公园主要的内容，除常用的座椅、花坛、花架、休息亭廊外，还有老年活动、青少年活动、儿童游戏场等设施，以及足够的铺地面积提供居民进行各项锻炼。

小区小游园更接近居民，更方便成年人休息散步与交往，一般 1 万人左右的小区应有一个大于 0.5hm² 的小游园，服务半径不超过 500m。小游园以绿化为主，但应较多地安排居民驻足和休息的设施与场地以及简单的儿童游戏设施，使小区游园成为居民日常进行活动与交往的主要场所。

组团绿地实际上是宅间绿地的扩大或延伸。若干幢住宅组合成一个组团，每个组团可有一块较大的绿化空间供组团内居民活动，适宜于更大范围的邻里交往，增加居民室外活动的层次，也丰富建筑所包围的空间环境。组团绿地可以根据实际情况灵活布置：组团中心布置、两个组团之间布置、组团周边布置、组团的一角布置均可采用。组团绿地面积不大，绿化以低矮的灌木、绿篱、花草为主，点缀一些品种较好的高大乔木。乔木种植要结合功能需要，不要太多太密，以免堵塞空间。

宅间绿地同居民关系最密切，是使用最频繁的室外空间，特别是儿童室外活动最频繁的地方，宅间绿地是居民每天必经之处；在居民日常生活的视野之内，便于邻里交往；属于相邻的住宅居民所有，在领域心理的作用下被喜爱和爱护。绿化布置应因地制宜，以绿化覆盖为主，适当设置成年人休息场和儿童游戏场。需要强调指出，宅间绿地的布置应更多地考虑儿童的室外活动，尤其是学龄前儿童。有必要在单元门前做些铺装地面，在绿地内设置最简单的游戏场地，放上座椅，供大人休息和看管小孩。

2) 设置标准

根据《城市居住区规划设计规范》规定，居住区内公共绿地的总指标，应根据居住区人口规模分别达到：组团绿地不小于每人 0.5m²、小区绿地（含组团绿地）不小于每人 1m²、居住区绿地（含小区与组团绿地）不小于每人 1.5m²，并根据居住区规划布局形式统一安排，灵活使用，各级绿地设置标准见表 5-6-1。其他带状、块状公共绿地应同时满足宽度不小于 8m、面积不小于 300m² 的环境要求。

绿地率要求新区不低于 30%，旧区改建不低于 25%。

(3) 组织空间

1) 创造观赏空间

根据人们的观赏活动，可将居住区绿地空间分为静态观赏空间和动态观赏空间。静态观赏空间的选择多在人流相对集中和视野比较开阔的地方，如居

<table>
<tr><td colspan="5" align="center">各级绿地设置标准</td><td align="right">表5-6-1</td></tr>
</table>

名称	功能	一般设置要求	规模（万m²）	最大步行距离（m）
居住区公园（居住区级）	主要供本区居民就近使用	花木草坪、花坛水面、凉亭雕塑、小卖茶座、老幼设施、停车场等。园内布局应有明确的功能划分	≥1.0	≤800~1000
小游园（小区级）	主要供小区内居民就近使用	花木草坪、花坛水面、雕塑、儿童设施等。园内应有一定的功能划分	0.6~0.8 ≥0.4	≤400~500
组团绿地（组团级）	主要供组团内居民就近使用	花木草坪、桌椅、建议儿童设施等	≥0.5	≤150
住宅庭院绿化	供本栋或临栋楼的居民使用	底层住宅小院、游憩活动场地	酌定	
道路绿化	遮阳、防噪防尘、美化街景	乔木、灌木、花卉、草坪、小品建筑等；树池最小尺寸1.2m×1.2m；绿地分段长度30~50m；行道树株距6~8m，树干中心距侧石外缘0.75m		

住区小区的主要入口、中心绿地、中心广场、主路的交汇点等。静态观赏空间要有良好的对景、框景和背景，而且有供欣赏主要对景的休息场所。动态观赏空间要着重研究居民在行走和活动过程中所产生的观赏效果，要考虑随着视点的运动，所以景物都处于相对位移的状态。将各个景点连贯起来，成为完整的空间序列；要加强趣味性和生动性的创造；绿地中的花架、园路、踏步、桥、墙垣、地面铺装等均具有导向性，可利用它们方向的变化求得景观和空间的曲折变化，高低错落。

2）空间的分割

主要就是满足居民在绿地活动时的感受和需求。人处于静止状态时，分割的空间中封闭部分给人以隐蔽、宁静、安全的感受，便于休憩；开敞的部分能增加人际交往的生活气息和活跃气氛。当人在流动的时候，分割的空间可起到抑制视线的作用，使人停留或开辟视线通廊，引导人们前进。通过空间分割可创造人所需的空间尺度，丰富视觉景观，形成远、中、近多层次的空间深度。获得"园中园、景中景"的效果。分隔空间可采用墙体、绿篱和攀缘植物分割，也可采用水面、山石、树丛、花架、小品等分割，还可采用地面高差和铺材的变化来分割。通过空间的分割，可以创造非常丰富的空间效果，增加空间层次，增加深度感，割而不断，适应居民多种活动的需求与感受。

3）空间的渗透与联系

空间的渗透与联系同空间的分割是相辅相成的。淡出的分割而没有渗透和联系的空间令人局促和压抑；通过向相邻空间的扩散、延伸，产生层次变化，扩大景观外延，增强意识的动态感和深远感。通常采用门窗洞口、花格墙和植物框景等渗透，采用花架互为因借，彼此衬托，小中见大，让人们有场所感，又与外界紧密联系，相互渗透。

3. 居住区绿地布置形式

居住区绿地布置形式较多，一般可概括为三种基本形式，即规则式、自由式以及混合式。

(1) 规则式

布置形状较规则严整，多以轴线组织景物，布置对称均衡，园路多用直线或几何规则线型，各构成因素均采用规则几何型和图案型（图5-6-1）。

(2) 自由式

以效仿自然景观见常，各种构成因素多采用曲折自然形式，不求对称规整，但求自然生动。这种自由式布局适于地形变化较大的用地，而且还可运用于我国传统造园手法（图5-6-2）。

(3) 混合式

混合式是规则与自由式相结合的形式，运用规则式和自由式布局手法，既能和四周环境相协调，又能在整体上产生韵律和节奏，对地形和位置的适应灵活（图5-6-3）。

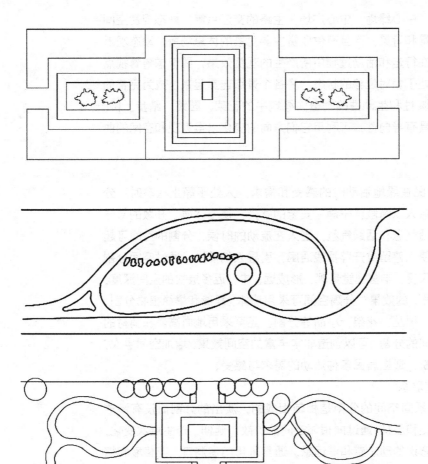

图5-6-1 规则式绿地（对称式）（上）
图5-6-2 自由式绿地（自然灵活）（中）
图5-6-3 混合式绿地（拟对称）（下）

5.6.3 居住区绿地植物配置

1. 植物配置原则

(1) 适应绿化的功能要求，适应所在地区的气候、土壤条件和自然植被分布特点，选择抗病虫害、易养护管理的植物，体现良好的生态环境和地域特点。

(2) 充分发挥植物的各种功能和观赏特点，合理配置，常绿与落叶、速生与慢生相结合，构成多层次的复合生态结构，达到人工配置的植物群落自然和谐。

(3) 植物品种的选择要在统一的基调上力求丰富多样。

(4) 要注重种植位置的选择，以免影响室内的采光通风和其他设施的管理维护。

2. 植物配置种类

适用居住区种植的植物分为六类：乔木、灌木、藤本植物、草本植物、花卉及竹类。

选择植物品种时必须结合居住区的具体条件。一般居住区都具有建筑密度高，可绿化用地少，绿地同人接触多，土质和自然条件差等特点。因此要选用宜长、易管、耐旱、耐阴的乡土树种，树冠大、枝叶茂密的落叶阔叶乔木，间以常绿树和开花灌木；落果少、病虫害少、无飞絮、无刺、无毒、无刺激性的植物。

(1) 乔木

乔木分落叶乔木、阔叶常绿乔木和针叶常绿乔木三种。

1) 落叶乔木的叶色随季节变化，它可以挺立于阔叶常绿灌木之上，成为主旋律。但少用垂直向上或垂直向下的树形，避免将人的目光引向天空而产生不稳定感。在与灌木搭配时，注意树形，呈拱形的乔木用来同叶丛下垂的常绿灌木配合。在缓和建筑立面的垂直生硬线条时，应采用拱形枝条的乔、灌木或枝条平展的乔木陪衬。

2) 阔叶常绿乔木的优点，同落叶乔木比，叶面有光泽；同针叶乔木比，不像后者那样阴沉。它的用法与落叶乔木相似。

3) 针叶常绿乔木的色调最深，给人以苍劲有力之感，常用来作为深色调的点缀。在一片绿地内不得用量过大，不然会造成阴沉感。针叶常绿乔木的叶丛是由线型图案组成。长针类松树线条长硬而尖锐，给人以刚劲挺拔之感。松柏类叶丛短而优美，产生柔和的感觉，可配合造景需要选择使用。

(2) 灌木

常绿阔叶灌木是最重要的主题结构性植物品种，因叶面光泽常绿而引人注目；在种植设计中应考虑叶子的大小、形状和色彩等观赏特点。在小块绿地里，质感粗糙的灌木用得过多会使绿地显得拥挤。常绿阔叶灌木的叶片会分散视线，故不宜作为草本植物的背景。

落叶灌木在寒冷地区可代替常绿灌木作为灌木群的主体，它的叶色随季节变化，使轻柔的叶丛特别适宜做草本植物的直接背景。枝叶繁茂的灌木宜于群植，枝形特殊的灌木适于孤植。

（3）藤本植物

藤本植物与灌木在造景功能上有许多相似之处，如缓和建筑线条，在建筑垂直线与地面水平线之间起过渡作用等。居住区绿地狭窄舒展不开的地方可多栽垂直藤本植物。

（4）草本植物

草本植物一般由常绿阔叶灌木和落叶灌木作背景，如果选择质感精细的灌木丛来衬托效果更佳。草本植物的配置是为了增加季节性色彩。由于花期短暂，设计中还应考虑草本植物花期过后的效果。

（5）花卉

居住区绿地中地被植物要适当多样，可配置一些宿根花卉及自播繁衍的一、二年生草花。

（6）竹类

居住区绿化可供选择配置的植物品种时多样的，包括竹类植物，它们形体优美，叶片泼洒，观赏价值高，可在南方和北方背风的地方种植。但要掌握好植物的品性，才能正确应用。

2. 植物配置要点

植物配置应根据居住区绿化的功能，植物生长习性的要求和景观效果，因地制宜综合安排，注意以下要点：

1）确定基调树种，主要是用作行道树和庭阴树的乔木树种，在统一基调基础上求变化。

2）保持居住区常年的绿化效果注意常绿树与落叶树的搭配。尤其在寒冷地区更为重要。

3）为尽快形成居住区绿化面貌，植物配置应速生树与慢长树结合，以速生树为主。但若干年后需分批更新或用慢长树接替。

4）乔灌木配合比例要得当，并与草皮花卉结合。居住区的重点部位如公共活动中心、小区入口等处可种观赏性植物。

5）采用孤植、对植、丛植等配置方法，起到对景、框景、避挡、引导等效果。

6）结合日照、通风要求进行植物配置。在住宅向西一面种植落叶乔木遮挡夏季日晒。住宅南边的乔木应远离窗口，以保证室内光线充足，临窗 10m 内不宜种高大常绿树，面向夏季主导风向一侧应保持敞开。寒冷风大地区应在迎风一侧密植大树，以御寒风。

7）商业设施的前面避免密植高大乔、灌木，可种植低矮的植物，以免遮挡通向商店的视线。

3. 植物配置方法与空间效果

植物配置按形式分为规则式和自由式,配置方法有孤植、对植、丛植、树群、草坪，见表5-6-2。

正确选择植物品种进行合理配置，以各种方式交互形成多种空间效果（图5-6-4），植物的高度和密度影响空间的塑造，见表5-6-3。在造景功能方面起到的作用有两个方面：一是分割空间，转移画面，造成对景，引人入胜；二是掩蔽建筑缺陷，改变建筑线条，矫正建筑比例，在丰富室外空间环境中起积极作用。

(a)   (b)

(c)

图 5-6-4 (a) 植物配
置效果图（上左）
图 5-6-4 (b) 植物配
置效果图（上右）
图 5-6-4 (c) 植物配
置效果图（下）

植物组合配置效果及种植方式　　　　　　　　　　　　　表5-6-2

组合名称	组合形态及效果	种植方式
孤植	突出树木的个体美，可成为开阔空间的主景	多选用粗壮高大、体形优美、树冠较大的乔木
对植	突出树木的整体美，外形整齐美观，高矮大小基本一致	以乔灌木为主，在轴线两侧对称种植
丛植	以多种植物组合成的观赏主体，形成多层次的绿化结构	由遮阳为主的丛植多由数株乔木组成。以观赏为主的多由乔灌木混交组成
树群	由观赏树组成，表现整体造型美，产生起伏变化的背景效果，衬托前景或建筑物	由数株同类或异类树种混合种植，一般树群长宽比不超过3:1，长度不超过60m
草坪	分观赏草坪、游憩草坪、运动草坪、交通安全草坪、护坡草皮，主要种植矮小草本植物，通常称为绿地景观的前景	按草坪用途选择品种，一般容许坡度为1%～5%，适宜坡度为2%～3%

植物交互组合与空间效果　　　　　　　　　　　　　表5-6-3

植物分类	植物高度（cm）	空间效果
花卉、草坪	13～15	能覆盖地表，美化开敞空间，在平面上暗示空间
灌木、花卉	40～45	产生引导效果，界定空间范围
灌木、竹类、藤本类	90～100	产生屏障功能，改变暗示空间的边缘，限定交通流线
乔木、灌木、藤本类、竹类	135～140	分割空间，形成连续完整的围合空间
乔木、藤本类	高于人水平视线	产生较强的视线引导作用，可形成较私密的交往空间
乔木、藤本类	高大树冠	形成顶面的封闭空间，具有遮蔽功能，并改变天际线的轮廓

5.7 居住区市政公用工程规划

　　居住区市政工程系统由居住区给水、排水、供气、燃气、供热、通信、环卫、防灾等工程组成。而居住区市政工程设施规划的内容首先对规划范围内的现状工程设施、管线进行调查、审核。依据详细规划布局、各专业总体工程规划和控制性详细规划来确定的技术标准和工程设施、管网布局，计算本范围内工程设施的负荷（需求量），布置工程设施和工程管线，提出有关设施、管线布置、敷设方式以及防护规定。在基本确定工程设施和工程管线的布置后，进行规划范围内的工程管线综合规划，检验和协调各工程管线的布置。若发现矛盾后，及时反馈与各专业工程规划和居住区详细规划，提出调整和协调的建议，以便及时完善居住区规划布局。

　　在居住区市政工程设施规划中，核心工作则是工程设施的布置与工程管线的敷设。一般情况下，居住区工程管线按不同分类方式可分为若干类型，见表5-7-1。

居住区市政工程管线分类　　　　　　　　表5-7-1

分类方式	分类内容		包含管线	其他说明
性能用途	给水管道		生活给水、消防给水	
	排水管道		雨水、污水、居住区周边的排洪、截洪等管道	
	中水管道		输送中水的管道称为中水管道	污、废水经中水处理设施净化后产生的再生水称为中水
	燃气管道		人工煤气、天然气、液化石油气等管道	
	热力管道		热水、蒸汽等管道	
	电力线路		高低压输配电线路	
	电信线路		电话、有线电视及宽带网等管道	
敷设方式	架空敷设		电力线路、电信线路和道路照明线路	新建居住区一般不采用架空敷设方式，而采用埋地敷设方式，沟埋管线又是地埋敷设的发展趋势
	地埋敷设	直埋管线	给水管线、雨水管线、污水管线、燃气管线、热力管线、电信管线等	
		沟埋管线	所有居住区工程管线均可沟埋	
埋设深度	深埋管线		排水管道有坡度要求，且在其他管道下方，一般深埋敷设；北方寒冷地区，由于冰冻线较深，给水管道及含有水分的煤气管道需深埋敷设	一般以管线覆土深度超过1.5m作为划分深埋和浅埋的分界线
	浅埋管线		热力管道、电力线路、电信线路不受冰冻的影响，可采用浅埋敷设方式；南方地区，由于冰冻线不存在或较浅，给水等管道也可以浅埋	
弯曲程度	可弯曲管线		电信电缆、电力电缆、自来水管道等	可弯曲管线通常指通过加工措施将其弯曲的工程管线
	不易弯曲管线		雨水管道、污水管道等	不易弯曲的管线指通过加工措施将其弯曲的工程管线或强行弯曲会损坏的工程管线
输送方式	压力管道		给水管道、燃气管道、热力管道等	压力管道是指管道内流体介质由外部施加力使其流动的工程管线，通过一定的加压设备将流体介质由管道系统输送给终端用户
	重力管道		雨水管道和污水管道	重力管道指管道内流动的介质有重力作用沿其设置的方向流动的工程管线。这类管线有时还需要中途提升设备将流体介质引向终端

5.7.1　居住区给水工程规划

1. 居住区给水水源

　　居住区位于市区或厂矿区供水范围内时，应采用城市或厂矿给水管网作为给水水源。若居住区离市区或厂矿较远，不能直接利用现有供水管网，需敷设专门的输水管时，可经过技术经济比较，确定是否自备水源；严重缺水地区，应考虑居住区建设中水工程。

2. 居住区给水测量

生活用水标准，按升／人·日计，居住区给水工程规划可参照生活用水标准再适当加上市政和管网漏失量进行计算。综合生活用水包括城市居民日常生活用水和公共建筑用水，但不包括道路、绿化、市政用水及管网漏失水量。

(1) 综合生活用水

居住区的综合用水定额和小时变化系数，应根据当地的气候条件、生活习惯、居住区的规模和公共建筑情况等因素来确定。在缺乏实际用水资料的情况下，可参照《城市给水工程规划规范》GB 50282—98 城市人均综合生活用水量指标判断（综合生活用水为城市居民日常生活用水和公共建筑用水之和，不包括浇洒道路、绿地、市政用水和管网漏失水量）。

(2) 浇洒道路广场、绿化用水量

浇洒道路、广场用水量应当根据路面、绿化、气候和土壤等条件，按行车道路面积计算确定。对于高级居住区，用水定额为 1.0~1.5L／（m^2·次）；普通居住区为 0.5~1.0L／（m^2·次）；按每日浇洒 次计算。绿化用水量包括公共绿地用水量、居民院落绿化用水量。其一般按绿化面积计算，标准为1.0~3.0L／（m^2·d）。

(3) 市政用水和管网漏失水量

居住区管网漏失水量与未预见水量之和可按居住区最高日用水量标准的10%~20% 计算。

(4) 居住区供所需水量资源

以上求出的用水量为最高日用水量标准。居住区供所需水量资源为城市最高日用水量除以日变化系数（参照表5-7-2）再乘以供水天数计算求得。

居住区供所需水量资源 =[① + ② +10%~20%× （① + ②）]× 供水天数 ／ 日变化系数

日变化系数 表5-7-2

特大城市	大城市	中等城市	小城市
1.1~1.3	1.2~1.4	1.3~1.5	1.4~1.8

3. 供水方式

居住区的供水方式应根据区内建筑物的类型、建筑高度、市政给水管网的情况和水量等因素综合考虑来确定，做到技术先进合理、供水安全可靠、投资省、节能、便于管理。其可按分类供水、分压供水和分质供水划分。

对于多层建筑的居住区，当城镇管网的水压和水量满足使用时，应充分利用用现有管网的水压，采用直接供水方式。对高层建筑为主的居住区，一般采用调蓄增压供水方式。对于高层建筑和多层建筑混合居住区，采用分压供水方式，以调节动力消耗。

规范要求用户接管处应保证 28m 以上的水头。如水压不够，可考虑加压泵站。水泵房应独立设置，易靠近用水大户。居住区水池、水塔和高位水箱的有效容积应以小区为单位。根据小区用水量的调蓄贮水量、安全贮水量和消防贮水量确定。其中生活用水的调蓄水量，对于水池，可按居住区最高日用水量的 20%~30% 确定。

对于严重缺水地区，可采用生活饮用水和中水的分质供水方式。无合格水源地区，可考虑采用深度处理水（饮用水）和一般处理水（供洗涤、冲厕等）的分质供水方式。

消防给水：多层建筑居住区中的 7 层及 7 层以下建筑一般不设室内消防给水系统，由室外消防栓和消防车灭火，宜采用生活和消防共用的给水系统。有高层建筑的居住区宜采用生活和消防各自独立的供水系统。

4. 管道布置和敷设

居住区给水管道有干管、支管和接户管三类。在布置给水管网时，应按干管、支管、接户管的顺序进行。

居住区给水管网，宜布置成环网或与市政给水管网连接接成环网。环状给水管网与市政给水管网的连接管不应少于两条。居住区的室外给水管道沿区内平行于建筑物敷设，敷设在人行道、慢车道或绿化带下；支管布置在居住组团的道路下，与干管连接，一般为支状。

给水管道布置时，管道外壁距建筑物外墙的静距离不应小于 1.0m，且不得影响建筑物基础；与树木的距离不应小于 1.2m。与污水管道的净距离不应小于 1.0m；与通信电缆套管、电力电缆沟、燃气管、雨水管（渠）的净距离不应小于 0.8m。给水管道应尽量减少与其他管线的交叉，不可避免时，给水管应在排水管上面，同时应考虑留有一定的垂直净距（一般 ≥ 0.15m）。

给水管道埋设的深度，应根据土地冰冻深度、车辆荷载、管道材质及强度、管道与管道交叉阀门的高度等因素来确定，且不宜小于 0.7m。

为了便于管网的调节和检修，应在与城市管网连接处的干管上、与居住区干管连接处的支管上、与支管连接的接户管上及环状管网需调节和检修等处设置阀门。居住区内，城市消防栓保护不到的区域应设室外消防栓，设置数量和间距应按现行的《建筑设计防火规范》GB 50016—2014 执行。当居住区绿化和道路需洒水时，可设洒水栓。其间距不宜大于 80m。

5. 管径选择

管网中各管段的管径，根据最高时用水量确定，在计算流量确定的前提下，可参照简表 5-7-3 查询。

一般情况下，给水干管管径大于 200mm；配给接户管和消防栓的分配管大于 100mm，同时供给消防栓的则要大于 150mm；接户管不宜 20mm，一般的民用建筑用 1 条接户管，对于供水可靠性要求较高的建筑物，用两条或两条以上的不同的配水管接入。

给水管径简易估算表

表5-7-3

管径 (mm)	计算流量 (升/秒)	使用人口数（人）						
		用水标准=50 升/人·日 (K=2.0)	用水标准=60 升/人·日 (K=1.8)	用水标准=80 升/人·日 (K=1.7)	用水标准=100 升/人·日 (K=1.6)	用水标准=120 升/人·日 (K=1.5)	用水标准=150 升/人·日 (K=1.4)	用水标准=200 升/人·日 (K=1.3)
1	2	3	4	5	6	7	8	9
50	1.3	1120	1040	830	700	620	530	430
75	1.3~3.0	1120~2600	1040~2400	830~1900	700~1600	620~1400	530~1200	430~1000
100	3.0~5.8	2600~5000	2400~4600	1900~3700	1600~3100	1400~2800	1200~2400	1000~1900
125	5.8~10.25	5000~8900	4600~8200	3700~6500	3100~5500	2800~4900	2400~4200	1900~3400
150	10.25~17.5	8900~15000	8200~14000	6500~11000	5500~9500	4900~8400	4200~7200	3400~5800
200	17.5~31.0	15000~27000	14000~25000	11000~20000	9500~17000	8400~15000	7200~12700	5800~10300
250	31.0~48.5	27000~41000	25000~38000	20000~30000	17000~26000	15000~23000	12700~20000	10300~16000
300	48.5~71.0	41000~61000	38000~57000	30000~45000	26000~28000	23000~34000	20000~29000	16000~24000
350	71.0~111	61000~96000	57000~88000	45000~70000	28000~60000	34000~58000	29000~45000	24000~37000
400	111~159	96000~145000	88000~135000	70000~107000	60000~91000	58000~81000	45000~70000	37000~56000
450	159~196	145000~170000	135000~157000	107000~125000	91000~106000	81000~94000	70000~81000	56000~65000
500	196~284	170000~246000	157000~228000	125000~181000	106000~154000	94000~137000	81000~117000	65000~95000
600	284~384	246000~332000	228000~307000	181000~244000	154000~207000	137000~185000	117000~157000	95000~128000
700	384~505	332000~446000	307000~412000	244000~328000	207000~279000	185000~247000	157000~212000	128000~171000
800	505~635	446000~549000	412000~507000	328000~404000	279000~343000	247000~304000	212000~261000	171000~211000
900	635~785	549000~679000	507000~628000	404000~505000	343000~425000	304000~377000	261000~323000	211000~261000
1000	785~1100	679000~852000	628000~980000	505000~780000	425000~595000	377000~529000	323000~453000	261000~360000

注明：1.流速：当 $d \geq 400mm$，$V \geq 1.0m/s$；当 $d \leq 350mm$，$V \leq 1.0m/s$；

2.本表可根据用水人口数以及用水量标准查得管径，亦可根据已知的管径、用水量标准查得该管可供多少人使用

5.7.2 居住区排水工程规划

1. 排水体制

居住区排水体制的选择，应根据城市排水体制和环境保护要求等因素确定，原则上以雨、污分流为主。

（1）污水处理体制

污水处理体制主要分为以下几种情况：①直接排入污水管网，至城市污水处理厂集中处理；②居住区规模较大时，周围尚未建设城市污水管网时，应进行污水处理设施建设；③建设中水系统，将污水处理后回收为低质用水，如环境清洁用水、绿化用水等。

（2）雨水处理体制

居住区雨水除就近排入水体和城市管网外，可利用居民区内原有的自然水体作为雨洪调蓄池，并与消防、景观用途结合。

2. 居住区排水量预测

（1）污水量预算

居住区的生活污水排水量是指生活用水使用后能排入污水管道的流量，其数值应该等于生活用水减去不可回收的水量。

一般情况下，生活污水量为生活用水量的80%~90%。

（2）雨水量预算

居住区雨水设计流量应按公式 $Q_s=q\psi F$ 计算。

其中，Q_s 为雨水设计流量（L/s）；q 设计暴雨强度 [L/（s·hm^2）]（可查当地城市设计暴雨强度系数）；ψ 径流强度（居住区综合径流系数可根据建筑稠密程度按0.5~0.8选用）；F 汇水面积（hm^2）。

3. 排水管网的布置与敷设

（1）排水管道管径

居住区排水接户管管径不应小于建筑物排水管径，下游管段的管径不应小于上游管段的管径。居住区排水最小建筑物排水管径，下游管段的管径不应小于上游管段的管径。居住区生活排水管道最小管径和最小坡度见表5-7-4。

居住区生活排水管道最小管径和最小设计坡度　　　　表5-7-4

管别		位置	最小管径（mm）	最小坡度（‰）
污水管道	接户管	建筑物周围	150	0.007
	支管	组团内道路下	200	0.004
	干管	小区道路、市政道路下	300	0.003
雨水管道	接户管	建筑物周围	200	0.004
	支管及干管	小区道路、市政道路下	300	0.003
	雨水连接管		200	0.01

注：1.污水管道接户管最小管径150mm，服务人口不宜超过250人（70户），超过250人，最小管径宜用200mm。

2.进化粪池前污水管最小设计坡度，管径150mm时为0.010~0.012，管径200mm时为0.010。

(2) 排水管网

居住区排水管道应根据居住区规划、道路和建筑物布置、地形标高、污水、废水和雨水的流向等实际情况，按照管线短、深埋小、尽量自流排出的原则来布置。管道一般沿道路或建筑物平行敷设，尽量减少与其他管线的交叉。

排水管道与建筑物基础之间的最小水平净距与管道的埋设深浅有关，当管道埋设深浅于建筑物基础时，最小水平净距不小于1.5m；否则，最小水平间距不小于2.5m。

居住区排水管道的覆土层厚度应根据地面荷载、管材强度和土层冰冻因素，结合当地实际情况确定。居住区干道和小区、组团道路下管道的覆土层厚度不小于0.7m，生活污水接户管道埋设深度不得高于冰冻线以上0.15m，且覆土层厚度不小于0.3m。管道基础和接口应根据地质条件、位置布置、施工条件、地下水位、排水性质等因素确定。

排水管与室内排水管连接处，管道交汇、转弯、跌水、管径或坡度改变处以及直线管段上一定距离应设检查井。直线管段上检查井最大间距见表5-7-5。雨水口的形式和数量应根据布置位置、雨水流量和雨水口的泄流能力经计算来确定。道路布置和雨水口间距宜在20~40m之间。

检查井最大间距 表5-7-5

管径 (mm)	最大间距 (m)	
	污水管道	雨水管道
150 (160)	20	—
200~300 (200~315)	30	30
400 (400)	30	40
≥500 (500)	—	50

4. 污水处理

小区污水处理按处理程度分一级处理、二级处理和深埋处理三级。一级处理通常指化粪池型处理方式，二级处理指污水处理一体化装置和污水处理站处理方式。深度处理方式通常指传统工艺在接触氧化池中添加各种填料，以生化处理机理来降低污水中的各种污染物，从而使处理水达到排放标准。

居住区污水处理设施的建设应由城镇排水工程总体规划统筹确定，并尽量集中纳入城镇集中处理工程范围。若新建小区远离城镇或城镇近期不设污水处理厂，居住区污水无法排入城镇管网时，居住区内应设分散或集中生活污水处理设施。目前，我国分散的处理设施主要是化粪池。由于其清掏不及时，往往达不到效果，今后，将逐步按二级生物处理要求设计分散设置的地埋式小型污水净化装置代替原有的化粪池。

居住区内生活污水处理设施的位置应在常年主导风向的下风向，宜用绿化带与建设物隔开；宜设置在绿地、停车坪及室外地坪下。

5. 居住区中水工程

中水系统由中水原水系统、中水处理设施和中水供水系统部分组成。中水原水系统主要是原水采集系统，如室内排水管道、室外排水管道及相应的集流配套设施；中水处理系统用于处理污水达到中水的水质标准；中水供水系统用来供给用户所需中水，包括室内外和小区的给水管道系统及设施。

中水系统应保持其系统的独立，禁止与自来水系统混接。对已建地区，因地下管道繁多，中水管道的敷设应尽量避开管道交叉，敷设专用管线，新建地区的中水系统应与道路规划、竖向规划和其他管线相一致。

中水处理站应结合用地布局规划，合理预留。单栋建筑物的中水处理设施一般放在地下室，小区多设在街坊内部，以靠近中水原水产生和中水用水地点，缩短集水和供水管线。要求中水处理站与住宅有一定的间隔，严格定出防护措施，防止臭气、噪声、震动等对周围环境的影响。

5.7.3 居住区电力工程规划

1. 电压等级

我国城市电力线路电压等级可分为 500kV、330kV、220kV、110kV、66kV、35kV、10kV 和 380/220V 8 类。居住区规划设计主要涉及高压配电电压 10kV、降压配电电压 380/220V。

居住区供电方式一般根据城市电网情况而定，通常采用高压配电深入负荷中心的原则，居住区进线电压多采用 10kV，低压配电采用放射式供电，高压配电采用环网形式。

2. 电力负荷预测

居住区电力负荷方法有很多，初步估算时可采用综合用电水平法，居住区电量预测可按 4.3 万 ~8.5 万 kWh/km² 估算，也可根据规划单位建筑面积负荷密度进行计算，见表 5-7-6。

规划单位建筑面积负荷密度指标 表5-7-6

类别	用电指标（W/m²）
居住建筑用电	20~60
公共建筑用电	30~120
工业建筑用地	20~80

预测所得的规划用电负荷，再向供电电源侧计算时，应逐级乘以负荷同时率。负荷同时率应根据各地区电网负荷具体情况确定，建议取值在 0.85~1.0 之间。

3. 电源及电网规划

(1) 电源规划

居住区变电所大多属于 10kV 类型的变电所（也称公用配电所）。根据本身结构及相应位置不同，可分为建筑内外附式和独立式变电所三种。对不同居住区内 10kV 公用配电所布局，规划时可根据实际用电条件和预测负荷密度进行布局，可参考表 5-7-7 进行布置。

居住区变（配）电所布局规划表　　　　　　　　　　　　表5-7-7

规模	建筑面积（万m²）	负荷密度（W/m²）	总负荷（kW）	一次电压（kV）	电源点建设（个）	接线要求
小型	3	15~20	450~600	10	1	中压线路延伸或T接供电式、双电源
中型	3~10	15~20	1500~2000	10	2	两路电源延伸或T接供电
大型	10~50	15~20	7500~10000	35（10）	10kV开闭所多座或35kV变电所一座	双电源进线
特大型	>50	15~20	>10000	35、110	1	双路电源格网式供电

10kV 开闭所最大转供容量，一直不宜大于 15000kVA/ 座，且宜与 10kV 配电所联体建设，居住区规模较大时，按 1.2 万 ~2.0 万户设置一所开闭所进行配置。

（2）电网敷设

规划区中的中、低压配电线路宜逐步采用地下电缆或空绝缘线。居住区内的中、低压架空电力线路应同杆架设，做到一杆多用。为了维修和减少停电，直线杆横担数不宜超过 4 层（包括路灯线路）。同一级负荷供电的双电源线路不宜同杆架设。

居住区中电缆线路室外敷设常用直埋敷设、电缆沟敷设两种。

当沿用同一路径的电缆根数不大于 8 时，可采用直埋敷设，同一径电缆根数多于 8 根，小于或等于 18 根时，宜采用电缆沟敷设。

5.7.4　居住区通信工程规划

1. 邮政设施规划

城市邮政服务网点的设施应根据人口的密集程度和地理条件所确定的不同服务人口数、服务半径、业务收入三项基本要素确定。应考虑有关居住区市政公用设施配套的千人指标及当时当地有关政策和规定。

在居住区内，邮电所作为小区级设施配建，宜与商业服务中心结合或邻近设置，建筑面积 100~150m²。

2. 电话系统规划

居住区规划中电信工程规划阶段主要预测有线通信系统的容量。一般以电信主线量为主要指标，按不同建筑性质的面积来确定电话主线数量，见表 5-7-8。除此之外，还应考虑有关居住区市政公用设施配套的千人指标及当时当地有关政策和规定。一般，居住区内 500~1000 户需设公用电话 2 部（来话去话各一部），设置电话配线间（室内）一处，使用面积不得少于 6m²。

每对电话主线所服务的建筑面积　　　　　　表5-7-8

建筑性质	办公	商业	旅馆	多层住宅	高层住宅	幼托	学校	医院	文化娱乐	仓库
建筑面积（m²）	20~30	30~40	35~40	60~80	80~100	85~95	90~110	100~120	110~130	150~200

城市电话光缆经光电交换设备，由电缆接至各规划区的电话交换间，然后根据情况和要求进行接线。光纤到居住区布局中，应考虑一个光节点原则上覆盖 500m，最大限制在 800~1000m。一般每个光节点用户按约 1000 户进行规划。

居住区电话电缆可采用直埋敷设、电缆沟敷设和排管敷设三种方式。其中，居住区内运用较多的是蜂窝式 PVC 直埋方式；或者由于管理体制原因，电缆沟敷设方式也采用较多；电缆排管敷设方式，适用于同一方向并行的电缆根数不超过 12 根，而道路交叉口较多、路径拥挤，又不宜采用直埋或电缆沟敷设的地段。

3. 有线电视系统和宽带网系统

有线电视系统也称电缆电视系统，简称 CATV。系统分为前段、干线、传输分配系统三种。居住区中一般无前段设施。传输分配系统又称用户系统，由分配、分支网络组成，主要包括放大器、分配器、分支器、系统输出端及电缆线路等。

居住区宽带网建设是信息化、智能化的必然趋势，目前，在各种网络接入方式中，ISDN 和 ADSL 方式上网保密性好，布线省，物业部门不承担网络管理，是较理想的接入方式。

有线电视电缆应采用直埋后管道敷设，建议有线电视电缆、网络电缆、电话通信线共沟敷设，但不宜共管孔敷设。

5.7.5　居住区燃气工程规划

1. 燃气种类和计算量确定计算

燃气种类很多，且热值差异很大，常见的有天然气（主要是气田或称纯天然气）、人工煤气、液化石油气等。

居住区用气量根据各地生活习惯、气候等具体条件，参照类似城市用气定额确定。根据预测生活用气量再加上总用气量 3%~5% 的未预见量计算。城镇居民生活用气量指标参考表 5-7-9。

城镇居民生活用气量指标[MJ／（人·年）（1.0×10⁴kcal／（人·年））] 表5-7-9

城镇地区	有集中供暖的用户	无集中供暖的用户
东北地区	2303~2721（55~65）	1884~2303（45~55）
华东、中南地区	—	2093~2303（50~55）

　　燃气的年用气量不能直接用来确定燃气管网、设备通过能力规模，还需要根据燃气的需用工况确定计算用量，以便以小时计算流量来计算燃气设施的规模。可采用年用气量乘以不均匀系数，再换算到小时计算流量的方法进行计算。不均匀系数取值2.45~4.84。居住区规模越大，取值越低。

　　2. 燃气输配设施

　　居住区燃气调压站是调节燃气压力使之适合居民使用的设施，一般是中低压调压站。调压站一般占地较小，布置在单独建筑中的中低调压站只有十几甚至几平方米。其供气范围一般为0.5km为宜，应尽量布置在负荷中心。

　　居住区燃气管网若根据流量计算要求独立设置调压站的，则站址应在居住区的总平面规划中予以考虑。调压站服务半径一般在500~1000m。其安全距离规定见表5-7-10和表5-7-11。

调压站与建筑物的距离（m） 表5-7-10

调压站建筑形式	最小距离	
	一般建筑	重要公共建筑
地上独立建筑	6.0	25
毗连建筑	允许	不允许

调压站与高层民用建筑物的距离（m） 表5-7-11

调压站进口压力（MPa）	一类建筑		二类建筑	
	主体建筑	相连的附属建筑	主体建筑	相连的附属建筑
0.005~0.15	20	15	15	13

　　在使用液化石油气的居住区常常需要设置气化站，一般供应范围1~2km，供应户数10000~2000户，更小规模的地方也适合，如几栋楼房的小区。气化站方式比较适合新建和相对集中的居住区。

　　3. 燃气管网系统

　　居住区的燃气管网是城市燃气管网的一个组成部分。当城市燃气管网采取高、中、低三级压力级制或中、低压两级压力级制时，区内燃气管网连接，其压力则根据居住区燃气管网最大允许压差选择。主干管网尽量成环状，通向建筑物的支线管道可以敷设成枝状管网。为了提高城市燃气管网的安全性，居住区之间的燃气管网也可以相互连接，增强管网供气的户互补性。当然，要合理地解决并网互补性和居住区管网相对独立性的矛盾，居住区管网间的连接点不宜过多，连接点处还要设置截断阀门，以利于区域抢修时分区隔断的需求。

使用天然气的城市，燃气管网系统处采用居住区低压输气方式外，还可以采用中压管道直接进入住宅区的方式。几栋多层住宅楼，或一栋高层选用一个楼栋箱式调压器，直接将中压燃气调至低压燃气，经引入管进入建筑室内燃气管道系统。这样的调压器可以是落地式的，也可以是挂壁式安装的。

居住区中压燃气管道建设和低压燃气管道建设相比，管道需要有较大的敷设间距，新开发的居住区中有中压燃气管道的建设条件。因中压燃气管内燃气压力大，供气条件改善，管材消耗也有所降低。

5.7.6 居住区供热工程规划

1. 供热负荷类型和预测

城市集中供热系统的用户有采暖、通风、热水供应、空气调节、生产工艺等。居住区民用热负荷通常以热水为热媒，属于季节性热负荷。

居住区规划中，根据规划建筑面积、用途和层数等基本概况，可根据采暖面积热指标进行概算，见表5-7-12。对于居住区而言，包括住宅与公建在内，采暖综合热指标值建议取值 $60 \sim 67 W/m^2$。

采暖面积热指标表 表5-7-12

建筑类型	住宅	居住区综合	学校办公	旅馆	商店	食堂餐厅	医院幼托
(W/m²)	58~64	60~67	60~80	60~70	65~80	115~140	65~80

2. 供热管网布置

居住区热力网宜采取用闭式双管制。在布置上应力求经济合理，主干线短、直，并尽量先经过热负荷区，管道敷设在车行道以外的地方。考虑到景观、社区交通组织等因素，敷设方式采用地下敷设，包括地沟敷设（包括通行地沟、半通行地沟和不通行地沟）和直埋敷设。其中，地沟敷设通常在土壤下面；管沟盖板覆土深度不宜小于0.2m；地沟埋设深度应根据当地的水文气候条件，一般在冻土层以下和最高地下水位线以上。直埋敷设具有占地少、施工周期短、使用寿命长等诸多优点，代表了供热管道敷设方式的发展趋势。

3. 供热管网管径计算

供热管道管径与沿程压力损失、管道粗糙度、热媒流量和密度等因素相关。居住区管网往往采用热水管网，管径估算可参照表5-7-13。

4. 热力站和制冷站设置

热力站是居住区中常常遇到的供热设施，是供热管网和连接场所。其中以连接供热第二级管网的小区热力站为主。热力站一般为单独建筑物，不同规格的热力站的参考建筑面积见表5-7-14。

热水管网管径估算表 表5-7-13

热负荷 (MW)	供回水温差（℃）									
	20		30		40 (110~70)		60 (130~70)		80 (150~170)	
	流量 (t/h)	管径 (mm)	流量 (t/h)	管径 (mm)	流量 (t/h)	管径 (mm)	流量 (t/h)	管径 (mm)	流量 (t/h)	管径 (mm)
6.98	300	300	200	250	150	250	100	200	75	200
13.96	600	400	400	350	300	300	200	250	150	250
20.93	900	450	600	400	450	350	300	300	225	300
27.91	1200	600	800	450	600	400	400	350	300	300
34.89	1500	600	1000	500	750	450	500	400	375	500
41.87	1800	600	1200	600	900	450	600	400	450	350
48.85	2100	700	1400	600	1050	500	700	450	525	400
55.02	2400	700	1600	600	1200	600	800	450	600	400
62.80	2700	700	1800	600	1350	600	900	450	675	450
69.78	3000	800	2000	700	1500	600	1000	500	750	450
104.67	4500	900	3000	800	2250	700	1500	600	1125	500
139.56	6000	100	4000	900	3000	800	2000	700	1500	600
174.45	7500	2×800	5000	900	3750	800	2500	700	1875	600
209.34	9000	2×900	6000	1000	4500	900	3000	800	2250	700
244.23	10560	2×900	7000	1000	5250	900	3500	800	2625	700
279.12					6000	1000	4000	900	3000	800
314.01					6750	1000	4500	900	3375	800
348.90							5000	900	3750	800
418.68							6000	1000	4500	900
488.46							7000	1000	5250	900
558.24									6000	1000
628.02									6750	1000

热力站建筑面积参考表 表5-7-14

规模类型	I	II	III	IV	V	VI
供热建筑面积（万m²）	<2	3	5	8	12	16
热力站建筑面积（m²）	<200	<280	<330	<380	<400	≤400

热力站是小区域的热源，最好设置在热负荷中心。一般一个小区设置一个热力站。对于二次热网为开式热网的热力站，最小尺寸长4.0m，宽2.0m和高2.5m。

制冷站的主要功能是通过制冷设施将冷介质供应给用户，以达到制冷的目的。小容量制冷机广泛用于建筑空调，设于建筑内部，而大容量制冷机可用于区域供冷或供热，设于冷暖站内。冷暖站的供热（冷）面积宜在10万m²范围之内，其面积为 500~1000m²。

5.7.7 防灾和环卫工程规划

1. 防灾工程规划内容

防灾工程规划包括防洪、消防、抗震、人防等，针对居住区规划而言，主要涉及两个方面：一方面，规划布局结构要有利于防、抗各种灾害，如对抗震减灾与城市布局的综合等；另一方面，规划编制中要有各种防灾、抗灾的内容，主要指消防、人防规划等。

（1）居住区消防规划

1）居住区总体布局中的防火规划

居住区总体布局应根据城市规划的要求进行合理布局，各种不同功能的建筑物之间要有明确的功能分区。根据住宅区建筑物的性质和特点，各类建筑物之间应有必要的防灾间距，具体按中华人民共和国国家标准《建筑设计防火规范》GB 50016—2014 中的有关规定，参见表 5-3-3。另外，诸如煤气调压站、液化石油气库等具有火灾危险性的生产性建筑与民用建筑的防火间距应按相关规范规定执行。

2）居住消防道路规划

城市居住区道路系统规划设计，应根据其功能分区、建筑布局、车流和人流的数量等因素综合确定，力求达到短捷通畅；道路的走向、坡度、宽度、交叉、拐弯等，要根据自然地形和现状条件，按国家设计防火规范的规定进行合理设计。居住区消防车道具体设计要求如下：

①低层、多层、中高层住宅的居住区内宜设有消防车道，其转弯半径不应小于 6m。高层住宅的周围应设有环形车道，其转弯半径不应小于 12m。

②高层建筑的周围，应设环形消防车道。当设环形车道有困难时，可沿高层建筑的两个长边设置消防车道。当高层建筑的沿街长度超过 150m 或总长度超过 220m 时，应在适中位置设置穿过高层建筑的消防车道。

③高层建筑应设有连通街道和内院的人行通道，通道之间的距离不宜超过 80m。

④高层建筑的内院或天井，当其短边长度超过 24m 时，宜设有进入内院或天井的消防车道。

⑤供消防车取水的天然水源和消防水池，应设消防车道。

⑥消防车道的宽度不应小于 4.00m。消防车道距高层建筑外墙宜大于 5.00m，消防车道上空 4.00m 以下范围内不应有障碍物。

⑦尽头式消防车道应设有回车道或回车场（图 5-7-1），回车场不宜小于 15m×15m。大型消防车的回车场不宜小于 18m×18m。

⑧消防车道下的管道和暗沟等，应能承受消防车辆的压力。

3）建筑消防设计

关于高层建筑设计防火规范有如下要求：高层建筑的底边至少有一个长

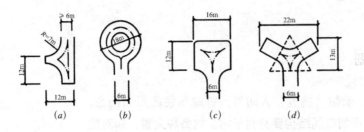

图 5-7-1 消防车回车道示意图

边或周边长度的 1/4 不小于一个长边的长度，不应布置高度大于 5m 且进深大于 4m 裙房，在此范围内必须设有直通室外的楼梯或直通楼梯间的出口。

4）消防用水标准

在居住区规划与建筑设计时，必须同时设计消防给水系统。居住区内应设市政消防栓，消防栓的间距应小于或等于 120m，消火栓的管道管径不应小于 DN100。居住区消防用水量可按同一时间防火次数 1 次，一次灭火用水量 10~15L/s 的标准设置。

民用建筑内外应设置室内外消火栓，并满足防火规范的要求。

（2）人防工程规划

在居住区规划中，按照有关标准，成片居住区内应按总建筑面积的 2% 设置人防工程，或按地面建筑总投资的 6% 左右进行安排。居住区内防空地下室战时用途应以居民掩蔽为主，规模较大的居住区防空地下室项目应尽量配套齐全。

2. 环卫规划

居住区主要环卫设施包括小型垃圾收集转运站、垃圾收集点和公共厕所。

1）垃圾收集点

居住区环卫规划设计中，主要明确垃圾收集方式和垃圾收集点（如垃圾箱、垃圾站）的布置。

小型垃圾收集转运站供居民直接倾倒垃圾，其收集服务半径不大于 200m，占地面积不小于 40m²。居住区垃圾转运站应采用封闭式设施，力求垃圾存放和转运不外露，当居住区用地规模 0.7~1.0km² 设一处，每处用地面积不应小于 100m²，与周围建筑物的间隔不应小于 5m。

居住区内主要道路可按 100m 左右间隔设置废物箱；居民生活垃圾收集点服务半径不超过 70m，占地为 6~10m²。在新建多层居住区，一般每四栋设一个收集点，安置活动垃圾箱（桶）；中高层和高层住宅可以设置垃圾管道，有效断面不得小于 0.6m×0.6m；每层应设倒垃圾小间。

2）公厕

公共厕所在居住区中的布局主要考虑其服务半径和服务人口数。在新建居住区，公共厕所的服务半径一般按 300~500m 控制，并按 3~5 座 /km² 设置。同时，新建住宅区内公共厕所还应满足千人公厕建筑面积指标 6~10m²，每 1000~1500 户设置一处，建筑面积控制在 30~60m²，独立式公共厕所用地面积控制在 60~100m²。

5.8 居住区工程管线综合规划

管线工程综合的任务是分析现状和规划的各类管线工程资料，发现并解决他们相互之间以及与道路、建筑设施之间在平面、立面位置与相互交叉位置时存在的矛盾，做出综合调整规划设计，使它们各得其所，以指导各类工程管线的设计。

5.8.1 管线综合布置要求

规划中，工程管线布置应结合各类管线特征（管线敷设位置、输送方式等）统筹考虑，需符合以下要求：

（1）各种管线的位置都要采用统一的城市坐标系统及标高系统[①]，管线进出口应与城市管线的坐标一致。如存在几个坐标系统和标高系统，必须加以换算，取得统一。

（2）管线综合布置与总平面布置、竖向设计和绿化布置统一进行见表5-8-1。应使管线之间、管线与建（构）筑物之间在平面及竖向上相互协调，紧凑合理，有利景观。

管线与绿化树种间的最小水平净距（m）　　　　表5-8-1

管线名称	最小水平净距	
	乔木（至中心）	灌木
给水管线、闸井	1.5	不限
污水管、雨水管、探井	1.0	不限
煤气管、探井	1.5	1.5
电力电缆、电信电缆、电信管道	1.5	1.0
热力管	1.5	1.5
地上杆柱（中心）	2.0	不限
消防龙头	2.0	1.2
道路侧石边缘	1.0	0.5

（3）管线敷设方式应根据管线内介质的性质、地形、生产安全、交通运输、施工检修等因素，经技术经济比较后择优确定。一般宜采用地下敷设的方式。地下管线的走向，宜沿道路或主体建筑平行布置，并力求线型顺直、短捷和适当集中，尽量减少转弯，并应使管线之间及管线与道路之间尽量减少交叉。

（4）各种管线与建筑物和构筑物之间最小水平间距应符合表5-8-2的要求；地下工程管线最小覆土深度符合表5-8-3的要求。

---

① 我国各城市采用的高程主要有两种不同的系统，即黄海高程系统（以青岛观湖站海平面作为零点的高程系统）和吴淞高程系统（以吴淞口观湖站海平面作为零点的高程系统）。

各类管线与建筑物、构筑物之间的最小水平间距（m）　　　　　表5-8-2

管线名称		建筑物基础	地上柱杆（中心）			铁路中心	城市道路侧石边缘	公路边缘
			通信照明及<10kV	≤35kV	>35kV			
给水管		3.00	0.50	3.00		5.00	1.50	1.00
排水管		2.50	0.50	1.50		5.00	1.50	1.00
燃气管	低压	1.50	1.00	1.00	5.00	3.75	1.50	1.00
	中压	2.00				3.75	1.50	1.00
	高压	4.00				5.00	2.50	1.00
热力管	直埋2.50		1.00	2.00	3.00	3.75	1.50	1.00
	地沟0.50							
电力电缆		0.60	0.60	0.60	0.60	3.75	1.50	1.00
电信电缆		0.60	0.50	0.60	0.60	3.75	1.50	1.00
电信管道		1.50	1.00	1.00	1.00	3.75	1.50	1.00

注：1.表中给水管与城市道路侧石边缘的水平间距1.00适用于管径小于或等于200mm，当管径大于200mm时应大于或等于1.50m。

2.表中给水管与围墙或篱笆的水平间距1.50m是适用于管径小于或等于200mm，当管径大于200mm时应大于或等于2.50m。

3.排水管与建筑物基础的水平间距，当埋深浅于建筑物基础时应大于或等于2.50m。

4.表中热力管与建筑物基础的最小水平间距，对于管沟敷设的热力管道为0.50m，对于直埋闭式热力管道管径小于或等于250mm时为2.5m，管径大于或等于300mm时为3.0m，对于直埋开式热力管道为5.0m

地下工程管线最小覆土深度值表（m）　　　　　表5-8-3

管线名称		最小覆土深度		备注
		人行道下	车行道下	
电力管线	直埋	0.60	0.70	10kV以上电缆应不小于1.0m
	管沟	0.40	0.50	敷设在不受荷载的空地下时，数据可适当减少
电信管线	直埋	0.70	0.80	
	管沟	0.40	0.70	敷设在不受荷载的空地下时，数据可适当减少
热力管线	直埋	0.60	0.70	
	管沟	0.20	0.20	
燃气管线		0.60	0.80	冰冻线以下
给水管线		0.60	0.70	根据冰冻情况、外部荷载、管材强度等因素确定
雨水管线		0.60	0.70	冰冻线以下
污水管线		0.60	0.70	

（5）应根据各类管线的不同特性和设置要求综合确定管道埋设顺序。

1）管道离建筑物的水平顺序，由近及远宜为：电力管道或电信管道、污水管道、给水管道、燃气管道、雨水管道、热力管道（图5-8-1）。各类管线相互间的水平距离应符合表5-8-4的要求。

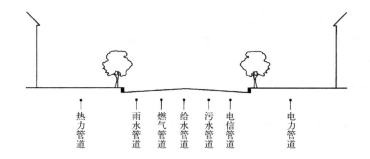

热力管道　雨水管道　燃气管道　给水管道　污水管道　电信管道　电力管道

图5-8-1　道路管线
布置横断面示意图

各类地下管线之间最小水平净距（m）　　　　表5-8-4

管线名称		给水管	排水管	燃气管			热力管	电力电缆	电信电缆	电信管道
				低压	中压	高压				
排水管		1.5	1.5							
燃气管	低压	0.5	1.0							
	中压	1.0	1.5							
	高压	1.5	2.0							
热力管		1.5	1.5	1.0	1.5	2.0				
电力电缆		0.5	0.5	0.5	1.0	1.5	2.0			
电信电缆		1.0	1.0	0.5	1.0	1.5	1.0	0.5		
电信管道		1.0	1.0	1.0	1.0	2.0	1.0	1.2	0.2	

注：1.表中给水管与排水管之间的净距适用于管径小于或等于200mm，当管径大于200mm时应大于或等于3.0m。

2.大于或等于10kV的电力电缆与其他任何电力电缆之间应大于或等于0.25m，如加套管，净距可减至0.1m；小于10kV电力电缆之间应大于或等于0.1m。

3.低压燃气管的压力为小于或等于0.002MPa，中压为0.005~0.3MPa，高压为0.3~0.8MPa。

2）各类管线的垂直顺序，由浅入深宜为：电信管线、热力管、小于10kV电力电缆、大于10kV电力电缆、燃气管、给水管、雨水管、污水管。各类管线相互间的垂直距离应符合表5-8-5的要求。

各类地下管线之间最小垂直净距（m）　　　　表5-8-5

管线名称	给水管	排水管	燃气管	热力管	电力电缆	电信电缆	电信管道
给水管	0.15						
排水管	0.40	0.15					
燃气管	0.15	0.15	0.15				
热力管	0.15	0.15	0.15	0.15			
电力电缆	0.15	0.50	0.50	0.50	0.50		
电信电缆	0.20	0.50	0.50	0.15	0.50	0.25	0.25
电信管道	0.10	0.15	0.15	0.15	0.50	0.25	0.25
明沟沟底	0.50	0.50	0.50	0.50	0.50	0.50	0.50
涵洞基底	0.15	0.15	0.15	0.15	0.50	0.20	0.25
铁路轨底	1.00	1.20	1.00	1.20	1.00	1.00	1.00

注：在不利的地形或地质条件、施工条件等地区，亦可用稍宽一些的间距。

管线埋深和交叉时的相互垂直净距，应考虑如下因素：①保证管线受到荷载而不受损伤；②保证管体不冻坏或管内液体不冻凝；③便于与城市干线连接；④符合有关的技术规范的坡度要求；⑤符合竖向规划要求；⑥有利于避让需保留的地下管线及人防通道；⑦符合管线交叉时垂直净距的技术要求。

3) 为了便于管线工作与管理，城市可规定各类管线在道路下的方位，如规定电力电缆、燃气、污水等管线在城市道路的东侧或南侧，电信、热力、给水、雨水等在道路的西侧或北侧。

(6) 管道内的介质具有毒性和可燃、易燃、易爆性质时，严禁穿越与其无关的建筑物、构筑物、生产装置及贮罐区等。

(7) 管线内的布置应与道路或建筑红线平行。同一管线不宜自道路一侧转到另一侧。

(8) 必须在满足生产、安全、检修的条件下节约用地。当技术经济比较合理时，应共架、共沟、架空布置。相关技术规范见表5-8-6~表5-8-8。

架空管线之间及其与建（构）筑物之间的最小水平间距（m）　　　表5-8-6

名称		建筑物（凸出部分）	道路（路缘石）	铁路（轨道中心）	热力管线
电力管线	10kV边导线	2.0	0.5	杆高加3.0	2.0
	35kV边导线	3.0	0.5	杆高加3.0	4.0
	110kV边导线	4.0	0.5	杆高加3.0	4.0
电线杆线		2.0	0.5	4/3杆高	1.5
热力管线		1.0	1.5	3.0	—

管架与建（构）筑物之间的最小水平间距（m）　　　表5-8-7

建筑物、构筑物名称	最小水平间距（m）
建筑物有门窗的墙壁外缘或凸出部分外缘	3.0
建筑物无门窗的墙壁外缘或凸出部分外缘	1.5
铁路（中心线）	3.75
道路	1.0
人行道外缘	0.5
厂区围墙（中心线）	1.0
照明及通信杆柱（中心）	1.0

架空管线之间及其与建（构）筑物之间交叉的最小垂直间距（m）　　　表5-8-8

名称		建筑物（顶端）	道路（地面）	铁路（轨顶）	电信线		热力管线
					电力线有防雷装置	电力线无防雷装置	
电力管线	10kV及以下	3.0	7.0	7.5	2.0	4.0	2.0
	35~110kV	4.0	7.0	7.5	3.0	5.0	3.0
电信管线		1.5	4.5	7.0	0.6	0.6	1.0
热力管线		0.6	4.5	6.0	1.0	1.0	0.25

(9) 在山区，管线敷设应充分利用地形，并应避免山洪、泥石流及其他

不良地质的危害。

(10) 当规划区分期建设时，干线布置应全面规划，近期集中，近远期结合。近期管线穿越远期用地时，不得影响远期用地的使用。

(11) 管线综合布置时，干管应布置在用户较多的一侧，或管线分类布置在道路两侧。

(12) 综合布置地下管线产生矛盾时，应按下列避让原则处理：

1) 压力管让自流管；

2) 管径小的让管径大的；

3) 易弯曲的让不易弯曲的；

4) 临时性的让永久性的；

5) 工程量小的让工程量大的；

6) 新建让现有的；

7) 检修次数少的、方便的，让检修次数多的、不方便的。

(13) 充分利用现状管线。改建、扩建工程中的管线综合布置，不应妨碍管线的正常使用。当管线间距不能满足规划规定时，在采取有效措施后，可适当减小。

(14) 工程管线与建筑物、构筑物之间以及工程管线之间水平距离应符合有关规范的规定。当受道路宽度、断面以及现状工程管线位置等因素限制，难以满足要求时，宜采用专项管沟敷设及规划建设某些类别工程管线统一敷设的综合管沟等。

(15) 管线共沟敷设应符合下列规定：

1) 热力管不应与电力、通信电缆和压力管道共沟；

2) 排水管道应布置在沟底。当沟内有腐蚀性介质管道时，排水管道应位于其上面；

3) 腐蚀性介质管道的标高应低于沟内其他管线；

4) 火灾危险性属于甲、乙、丙类的液体，液化石油气、可燃气体、毒性气体和液体以及腐蚀性介质管道不应共沟敷设，并严禁与消防水管共沟敷设；

5) 凡有可能产生相互影响的管线，不应共沟敷设。

(16) 敷设主管道干线的综合管沟应在车行道下，其覆土深度必须根据道路施工和行车荷载的要求、综合管沟的结构强度以及当地的冰冻深度等确定。敷设支管的综合管沟应在人行道下，其埋设深度可较浅。

5.8.2 管线工程综合图的内容与表达

居住区工程管线规划综合的成果一般是编制工程管线规划综合平面图、道路断面图和说明书。工程管线规划综合文件是各项工程设计的依据，是下一阶段工程管线设计综合的依据。

(1) 管线工程综合设计平面图 （比例为 1 ：500 或 1 ：1000）

1) 图中内容包括建筑；道路；各类管线在平面上的位置；管线或管沟尺寸；

排水管坡向；管线起点及转折点的标高、坐标（也可以用距离建筑或其他固定目标的距离表示）；管线交叉点上、下两管道管底标高和净距。

2）各类管线在平面图中也可以用不同的线条图例或者用管线拼音的第一字母表示，管径可直接注在线上。

3）规划设计管线交叉点标高，确定管线的竖向位置（图5-8-2、图5-8-3）。

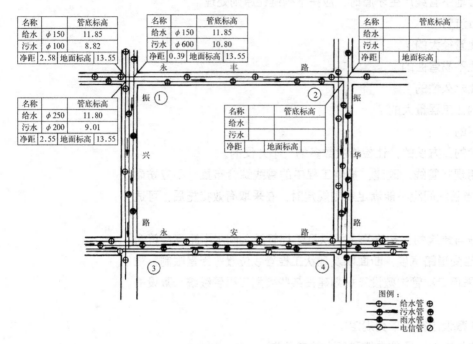

名称		管底标高
给水	φ150	11.85
污水	φ100	8.82
净距	2.58	地面标高 13.55

名称		管底标高
给水	φ150	11.85
污水	φ600	10.80
净距	0.39	地面标高 13.55

名称		管底标高
给水		
污水		
净距		地面标高

名称		管底标高
给水	φ250	11.80
污水	φ200	9.01
净距	2.55	地面标高 13.55

名称		管底标高
给水		
污水		
净距		地面标高

图例：
⊕ 给水管
⊖ 污水管
⊘ 雨水管
⊘ 电信管

图 5-8-2　管线交叉点标高图

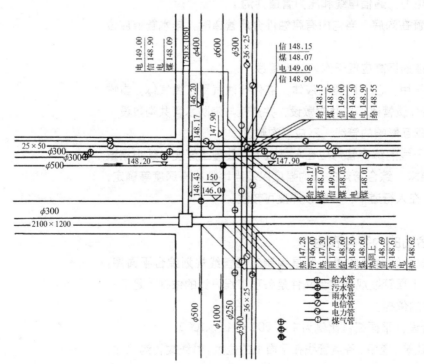

给水管
污水管
雨水管
电信管
电力管
煤气管

图 5-8-3　管线交叉点标高图

(2) 道路管线布置横断面图（常用比例1：200）

图上应标明道路各组成部分及其宽度，包括机动车道、非机动车道、人行道、分车带、绿化带，现状及规划的管线在平面和竖向上的位置。横断面应标明路名、路段，见图5-8-4。

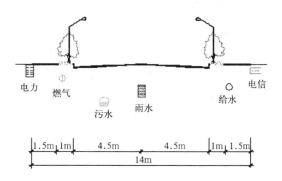

电力　燃气　　　污水　雨水　　　给水　　电信

|1.5m|1m| 4.5m | 4.5m |1m|1.5m|

14m

图 5-8-4　道路管线布置横断面示例（14m）

(3) 管沟敷设

在居住区内，当遇到不易开挖路面的路段、广场或主要道路的交叉处、需同时敷设两种以上工程管线及多回路电缆的道路、道路与铁路或河流的交叉处、道路宽度难以满足直埋敷设多种管线的路段等任一情况时，工程管线宜采用综合管沟集中敷设，见图5-8-5。

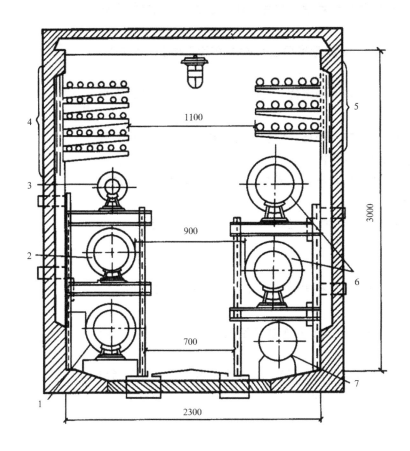

图 5-8-5　整体式综合管沟敷设示意图（单位：mm）

1、2—供水管与回水管；

3—凝结水管；

4—电话电缆；

5—动力电缆；

6—蒸汽管道；

7—自来水管

综合管沟内宜敷设电信电缆管线、低压配电电缆管线、给水管线、热力管线、污雨水排水管线。在综合管沟内设置工程管线时，应满足以下要求：

1）综合管沟内相互无干扰的工程管线可设置在管沟的同一个小室；相互有干扰的工程管线应分别设在管沟的不同小室。

2）电信电缆管线与高压输电电缆管线必须分开设置；给水管线与排水管线可在综合管沟一侧布置、排水管线应布置在综合管沟的底部。

3）工程管线干线综合管沟的敷设，应设置在机动车道下面，其覆土深度应根据道路施工、行车荷载和综合管沟的结构强度以及当地的冰冻深度等因素综合确定；敷设工程管线支线的综合管沟，应设置在人行道或非机动车道下，其埋设深度应根据综合管沟的结构强度以及当地的冰冻深度等因素综合确定。

5.9 居住区竖向规划设计

5.9.1 竖向规划设计的内容与设计原则

居住区竖向规划设计，指为了满足居住区道路交通、地面排水、建筑布置和城市景观等方面的综合要求，对自然地形进行利用与改造，确定坡度、控制高程和平衡土（石）方等进行的规划设计，包括道路竖向设计与场地竖向设计。

1. 竖向规划设计的主要内容

居住区的竖向规划，应包括地形地貌的利用、确定道路控制高程和地面排水规划等内容。

（1）分析规划的用地的地形、坡度，落实居住区防洪、排涝工程设施的位置、规模及标高；

（2）确定居住区内建（构）筑物的定位、正负零标高及室外地坪的规划控制标高；

（3）落实居住区各级道路标高、坐标、坡度、曲线半径等技术指标，保障居住区内通车道路及步行道的可行性；

（4）结合居住区内建（构）筑物布置、道路、市政工程管线铺设，进行用地竖向规划，确定用地标高；

（5）确定挡土墙、护坡等室外防护工程的类型、位置、规模；估算土（石）方及防护工程量，进行土（石）方平衡。

2. 竖向规划设计的原则

（1）竖向规划与用地选择及建筑布局同时进行，使各项建设在平面上统一和谐、竖向上相互协调；

（2）竖向规划应有利于居住区建筑的布置及空间环境的规划设计（表5-9-1）；

（3）竖向规划满足各项建设用地及工程管线敷设的高程要求，满足道路布置、车辆交通与人交通的技术要求，满足地面排水及防洪排涝的要求；

（4）竖向规划在各项用地功能要求的条件下，应避免高填、深挖，减少土石方、建构筑物及挡土墙、护坡等防护工程数量。

各类场地的适用坡度　　　　　　　　　　表5-9-1

场地名称		适用坡度（%）
密实性地面和广场		0.3~3.0
广场兼停车场		0.2~0.5
室外场地	儿童游戏场	0.3~2.5
	运动场	0.2~0.5
	杂用场地	0.3~2.9
绿地		0.5~1.0
湿陷性黄土地面		0.5~7.0

5.9.2　竖向规划的技术规定

1. 地面设计

（1）地面规划形式

根据居住区的规模与结构，结合自然地形，一般将地面坡度分为平坡、缓坡、中坡、陡坡和急坡，见表5-9-2。

地面坡度分级及使用情况　　　　　　　　　表5-9-2

分级	坡度（%）	使用
平坡	0~2	建筑、道路布置不受地形坡度限制，可以随意安排。坡度小于3‰时应注意排水组织
缓坡	2~5	建筑宜平行等高线或与之斜交布置，若垂直等高线，其长度不宜超过30~50m，否则需结合地形做错层、跌落等处理；非机动车道尽可能不垂直等高线布置，机动车道则可随意选线。地形起伏可使建筑及环境绿地景观丰富多彩
	5~10	建筑、道路最好平行等高线布置或与之斜交
中坡	10~25	建筑应结合地形设计，道路要平行或与等高线斜交迂回上坡。布置较大面积的平坦场地，填、挖土方量甚大。人行道如与等高线作较大角度斜交布置，也需做台阶
陡坡	25~50	用作城市居住区建设用地，施工不便、费用大。建筑必须结合地形个别设计，不宜大规模开发建设。在山地城市用地紧张仍可使用
急坡	>50	通常不宜用于居住建筑

根据功能使用要求、工程技术要求和空间环境组织要求，对基地自然地形加以利用、改造，即为设计地面。一般将设计地面按其整平形式可以分为平坡式、台阶式和混合式（图5-9-1）。

平坡式将地面平整成一个或多个坡度和坡向的连续的整平面，其坡度和标高都较和缓，没有剧烈的变化。一般适用于自然地形较平坦的基地，其自然坡度一般小于5%。对建筑密度较大、地下管线复杂的地段尤为实用。

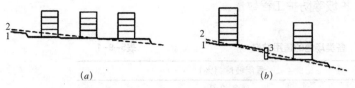

图 5-9-1 设计地面
形式
(a) 平坡式整平面;
(b) 台阶式整平面
1—设计地面;
2—自然地面;
3—挡土墙

台阶式是指标高较大的地块相互连接形成台阶式整平面,相互交通以梯级和坡道联系。台阶式设计地面适用于自然地形坡度较大的基地,当地面坡度大于8%,且单排建筑占地顺坡方向高差达1.5m左右时,宜采用台阶式或台阶与平坡组合的混合式。

(2) 建筑结合地形布置

建筑布置应注意结合地形、利用地形,造成丰富错落的建筑形体,合理缩小住宅间距,恰当组织入口,以提高层数、节约用地、方便使用。当为地形复杂、坡度较大的基地时,建筑体量不宜过大、过长。

山地、丘陵地区建筑群布置切忌追求对称、规整和平面形式,应以结合地形自由灵活布置为佳。地形起伏的建筑群布置,应考虑各建筑之间因高程不同形成各自的屋脊、沿口、门窗、阳台、地面等透视关系的秩序感,避免杂乱无章。建筑结合地形布置方式及方法见表5-9-3。

建筑结合地形布置方式与方法 表5-9-3

方式	图解	方法	适宜坡度(%)		备注
			垂直等高线布置	平行等高线布置	
提高勒脚		将建筑物勒脚提高到相同标高	<8	<10~15	建筑进深为8~12m,单元长为16m,勒脚最大高度为1.2m时
筑台		挖填地形成平整的台地	<10	<12~20	半填半挖
错层		将建筑相同层设计成不同的标高。常利用双跑平台使建筑沿纵轴或横轴错半层	12~18	15~25	建筑进深为8~12m,单元长度为16m,错层高差为1.0~1.5m时
跌落		建筑物垂直等高线布置,以单元或开间为单位,顺坡势处理成台阶状	4~8	—	以单元为单位,跌落高度或以每两开间跌落0.6~3.0m时
掉层		错层或跌落的高差等于建筑层高时	20~35	45~65	
错迭		垂直等高线布置,逐层或隔层沿水平方向错动或重叠形成台阶状	50~80	—	

注:一般情况,使用地性质相同的用地,或功能联系密切的建(构)筑物,布置在同一台地或相邻台地内。对一般居住建筑,常采用小台地形式;而对公共建筑,台地间高差宜与建筑高成倍数关系。

2. 设计标高

(1) 确定标高的要素

合理确定建筑物、构筑物、道路、场地和标高及位置是设计标高的主要内容。其考虑主要因素与要求有：

1) 考虑防洪、排水因素，设计标高要使雨水顺利排走，基地不被水淹，建筑不被水倒灌，山地需主要防洪排洪问题，近水域的基地设计标高应高出设计洪水位 0.5m 以上。

2) 考虑地下水位、地质条件，避免在地下水位很高的地段挖方，地下水位低的地段，因下部土层比上部土层的地耐力大，可考虑挖方，挖方后可获得较高地耐力，并可减少基础埋设深度和基础断面尺寸。

3) 考虑道路交通，需要考虑基地内外道路的衔接，并使区内道路系统平顺、便捷、完善；道路和建筑、构筑物及各场地间的关系良好。

4) 考虑建筑空间景观，设计标高要考虑建筑空间轮廓线及空间的连续与变化，使景观自然、丰富生动、具有特色。

5) 考虑利于施工因素，设计标高要符合施工技术要求，采用大型机械平整场地，则地形设计不宜起伏多变；土石方应就地平衡，一般情况下，土方宜多挖少填，石方宜少挖；垃圾淤泥要挖除；挖土地段宜作为建筑基地，填方地段宜作为绿地、场地、道路等承载量小的设施。

(2) 建筑标高

建筑设计标高的确定，要求避免室外雨水流入建筑物内，并引导室外雨水顺利排除；有良好的空间关系并保证有便捷的交通。

室内地坪，建筑室内地坪标高要考虑建筑物至道路的地面排水坡度最好在 1%~3% 之间，一般允许在 0.5%~6% 的范围内变动，这个坡度同时满足车行技术要求。

当建筑无进车道时，主要考虑人行要求，室内高差的幅度可稍增大，一般要求室内地坪高于室外整平地面标高 0.45~0.60m，允许在 0.3~0.9m 的范围内变动。

地形起伏变化较大的地段，建筑标高在综合考虑使用、排水、交通等要求的同时，要充分利用地形减少土石方工程量，并要组织建筑空间体现自然和地方特色。如将建筑置于不同标高的台地上或将建筑竖向做错迭处理，分层筑台等，并要注意整体性，避免杂乱无序（图 5-9-2）。

(3) 道路标高及坡度

道路标高要满足道路技术要求、排水以及管网敷设要求。在一般情况下，雨水由各处整平地面排至道路，然后沿着路缘石排水槽排入雨水口。所以道路不允许有平坡部分，保证最小纵坡 ≥ 0.3%，道路中心标高一般应比建筑的室内地平低 0.25~0.30m 以上。

1) 车道：机动车车行道纵坡应符合《城市道路设计规范》及《城市居住区规划设计规范》GB 50180—93（2002 年版）的规定，最小纵坡不低于

0.3%~0.5%，最大纵坡不大于7%~9%，并对大坡路段进行长坡限制。纵坡
一般≤6%，困难时可达8%，多雪严寒地区最大纵坡≤5%，山区局部路段
可达12%。但纵坡超过4%时都必须限制其坡长（表5-9-4）。对居住区内部
以通行小车为主的入户道路及停车库入口，道路最大纵坡可适当放宽；平原地
区道路纵坡小于0.2%时，应采用特殊的排水措施，如锯齿形街沟。

纵坡超过4%时坡长限制要求   表5-9-4

坡度（%）	坡长（m）
5~6	≤600
6~7	≤400
7~8	≤300
9	≤150

2）非机动车道：纵坡一般≤2%，困难时可达3%，但其坡长限制在50m
以内，多雪严寒地区最大纵坡应为≤2%，坡长≤100m。

3）人行道：纵坡以≤5%为宜，>8%时宜采用梯级和坡道。多雪严寒
地区最大纵坡≤4%。

4）交叉口：纵坡≤3%，并保证主要交通平顺。

5）广场、停车场坡度以0.3%~0.5%为宜。室外场地力求各种场地设计
标高适合雨水、污水的排水组织和使用要求，避免出现凹地。

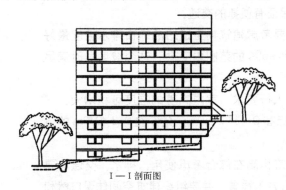

Ⅰ—Ⅰ剖面图

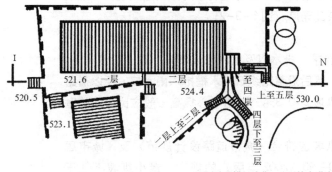

利用地形错层跌落，分层筑合进出

图5-9-2 利用地形错
层跌落、分层筑台

6）梯道：山地居住区宜设置与机动车交通系统分离的梯道。城市人行道按其功能和规模可分为三级：一级梯道为交通枢纽地段的梯道和城市景观梯道；二级梯道可连接小区间步行交通的梯道；三级梯道为主要连接组团间梯道以及入户梯道。一般情况下，人行道的坡值为 1：0.35~1：0.40，同时梯道每升高 1.21~5m（8~40 步）宜设置宽度大于 1.2m 休息平台。其二、三级梯道连续升高超过 0.5m 时，除设置休息平台外，还应设转折平台，其宽度不宜小于梯道宽度。

（4）竖向工程设施

1）护坡

护坡分为草皮质护坡和砌筑行护坡两种。砌筑行护坡指干砌石、浆砌石或混凝土护坡，其坡度值为 1：0.5~1：1.0。草皮土质护坡的坡比值应小于 1：0.5。为了提高城市的环境质量，同时利用水土保持，对护坡的比值要求适当减少。

2）挡土墙

对于用地条件受限制或地质不良地段，可采用挡土墙。在建筑物密集、用地紧张及有装卸作业要求的台阶应采用挡土墙。人口密度大、土壤工程地质条件差、降雨量较大的地区，不能采用草皮土质护坡，必须采用挡土墙。

挡土墙适宜的经济高度为 1.5~3.0m，一般不宜超过 6.0m；超过 6.0m 时宜退台处理；退台宽度不能小于 1.0m。在条件许可时，挡土墙宜以 1.5m 左右高度退台。退台内可形成种植带，使挡土墙形成垂直绿化界面，提高城市环境质量。

挡土墙与住宅建筑的间距应满足住宅日照和通风的要求，高度大于 2m 的挡土墙，其上缘与建筑间水平距离不应小于 3m，其下缘与建筑间的水平距离不小于 2m。

3）排水设施

根据场地地形特点和设计标高，划分排水区域，并进行场地的排水组织。为保证及时排除地面汇集的雨水，居住区场地排水坡度不宜小于 0.2%，且场地高程应比周边道路的最低路段路面高程高出 0.2m 以上。

排水方式一般分为暗管排水和明沟排水。暗管排水用于地势较平坦的地段，道路地域建筑物标高并利用雨水口排水。雨水口每个可担负 0.25~0.5hm² 汇水面积，多雨地区取低限，少雨地区采用高限。明沟排水用于地形较复杂的地段。明沟纵坡一般为 0.3%~0.5%。明沟断面宽 400~600mm，高 500~1000mm。明沟边距离建筑物基础不应小于 3m，距围墙不小于 1.5m，距道路边护不小于 0.5m。

5.9.3 用地竖向规划的设计方法

在居住区规划设计中，多采用比较简单的高程箭头法。在地形较复杂的山地居住区中，可采用纵横断面法进行现状与规划场地分析。设计等高线法则通常用在场地平整、土石方调配以及场地的环境设计中。

1. 高程箭头法

用高程表示规划区内场地与建筑的竖向关系，用箭头表示场地排水方向的竖向规划设计方法，叫高程箭头法（图5-9-3）。高程箭头法的工作量较小，图纸制作快，易于变动和修改，是居住区竖向规划的一种最常用方法。

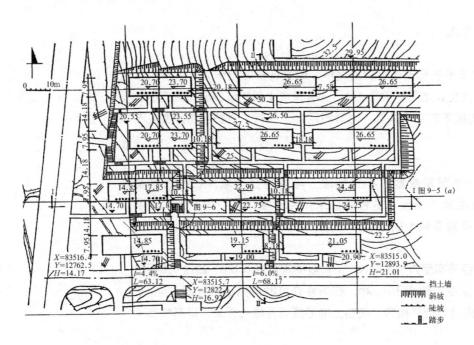

图 5-9-3 场地竖向规划（高程箭头法）

采用高程箭头法进行竖向规划时，须在图中标明：

1）道路控制点（转折点、交叉点）的坐标与标高、道路的坡度与坡长、道路转折处的道路中线半径及交叉口的路缘石半径。

2）道路标准横断面的组成，车行道、人行道等宽度，道路的横坡大小以及绿化布置等。

3）建筑定位。一般标明建筑物长边的两个交点坐标，或者一个角点加方位角，或者建筑与建筑之间的相对距离。通过这种定位，使规划建筑准确地落实到实际场地中，这种过程在施工中叫做放线。

4）建筑与场地的标高。建筑正负零标高一般要结合建筑的出入口、邻近的道路与场地综合考虑。在南方多雨、潮湿地区，为保证建筑的防潮与防洪，一般居住建筑正负零标高比邻近场地的室外地坪高0.30~0.90m；在地形复杂的山地居住区中，甚至可以达到1.2~1.5m；而公共建筑，如小区会所、超市、学校等，正负零标高比邻近场地的室外地坪高0.30~0.60m。室外场地标高，一般略高于邻近道路的人行道标高，并保证场地雨水流向道路。

5）室外工程设施的布置。对规划区内的挡土墙、护坡、人行道等室外工程设施进行规划设计，包括确定其坐标、标高及尺寸。

6）对场地的排水进行规划设计，在图中表明场地与道路雨水的排放方向。一般情况下，道路具有汇集规划区地面雨水的作用，场地雨水应向最近的道路排放，要避免在规划场地、道路上出现容易集水的低洼地带。

2．设计等高线法

设计等高线法（图5-9-4）多用于地形变化不太复杂的丘陵地区的居住区规划。通过设计等高线，可以较完整地将任何一块规划用地或一条道路与原来的自然地貌作比较，并反映填挖方情况，确定街区四周的红线标高及内部车行道、建筑四角的设计标高。

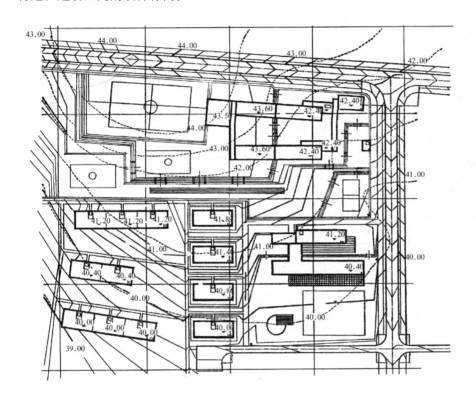

图5-9-4　场地竖向规划（设计等高线法）

5.9.4　土石方工程量计算

土石方工程量计算有网格计算法、横断面计算法、查表法、计算图法等，下面主要介绍最常用的方格网计算法（图5-9-5），其方法步骤如下：

（1）划分方格：方格边长取决于地形复杂情况和计算精度要求。地形平坦地段用20~40m，地形起伏变化较大的地段方格边长多采用20m。

（2）标明设计标高和自然标高：在方格网各角点标明相应的设计标高和自然标高，前者标于方格角点的右上角，后者标于右下角。

（3）计算施工高程：施工高程等于设计标高减自然标高。正值表示填方，负值表示挖方，并将其数值分别标在相应方格角点左上角。

（4）作出零线：将零点连成零线即为挖填分界线，零线表示不挖也不填。

（5）计算土石方量：根据每一方格挖、填情况，计算出挖、填方量分别标入相应的方格内。

（6）汇总工程量：将每个方格的土方工程量，分别按挖、填方量相加后算出挖、填方工程量，然后乘以松散系数，才得到实际的挖、填方工程量。

为减少工程投资，在可能的情况下应尽量考虑土石方平衡。计算好场地的挖方和填方量并使二者接近平衡，使土石方工程总量达到最小。

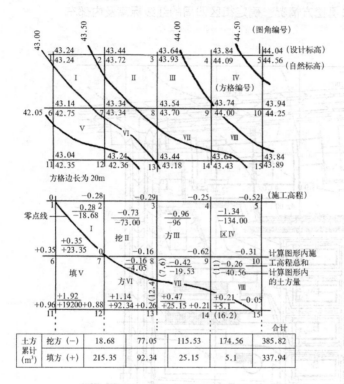

图 5-9-5 方格网法

5.10 用地平衡与主要技术经济指标

技术经济指标是从量的方面衡量和评价规划质量及综合效益的重要依据。目前居住区的技术经济指标一般有两部分组成：土地平衡及主要技术经济指标，其项目及计量单位应符合表 5-10-1 中规定。

5.10.1 用地平衡指标

（1）用地平衡表的内容及定额要求

用地平衡表（表 5-10-2）既是调整用地和制定规划的依据之一，也是检验设计方案用地分配的经济性和合理性的依据之一，也是审批居住区规划设计方案的依据之一。

居住区内各项用地所占比例的平衡控制指标（表 5-10-3），且居住区内公园绿地须满足组团不少于0.5m²/人，小区（含组团）不少于1m²/人，居住区（含小区、组团）不少于1.5m²/人。

综合技术经济指标系列一览表　　　　　　　　　　　　　表5-10-1

序列	项目	计量单位	数值	所占比重（%）	人均面积（m²/人）
用地平衡表	居住区规划总用地	hm²	▲	—	—
	1.居住区用地（R）	hm²	▲	100	▲
	①住宅用地（R01）	hm²	▲	▲	▲
	②公建用地（R02）	hm²	▲	▲	▲
	③道路用地（R03）	hm²	▲	▲	▲
	④公共绿地（R04）	hm²	▲	▲	▲
	2.其他用地（E）	hm²	▲	—	—
主要技术经济指标	居住户（套）数	户（套）	▲	—	—
	居住人数	人	▲	—	—
	户均人口	人/户	△	—	—
	总建筑面积	万m²	▲	—	—
	1.居住区用地内建筑总面积	万m²	▲	100	▲
	①住宅建筑面积	万m²	▲	▲	▲
	②公建面积	万m²	▲	▲	▲
	2.其他建筑面积	万m²	△	—	—
	住宅平均层数	层	▲	—	—
	高层住宅比例	%	▲	—	—
	中高层住宅比例	%	▲	—	—
	人口毛密度	人/hm²	▲	—	—
	人口净密度	人/hm²	△	—	—
	住宅建筑套密度（毛）	套/hm²	△	—	—
	住宅建筑套密度（净）	套/hm²	△	—	—
	住宅面积毛密度	万m²/hm²	▲	—	—
	住宅面积净密度	万m²/hm²	▲	—	—
	（住宅容积率）	—	▲	—	—
	居住区建筑面积（毛）密度	万m²/hm²	△	—	—
	（容积率）	—	△	—	—
	住宅建筑净密度	%	▲	—	—
	总建筑密度	%	△	—	—
	绿地率	%	▲	—	—
	拆建比	—	△	—	—
	土地开发费	万元/hm²	△	—	—
	住宅单方综合造价	元/hm²	△	—	—

注：▲必要指标；△选用指标。

居住区用地平衡表　　　　　　　　　　表5-10-2

项目	现状			规划		
居住区总用地	面积 (hm²)	人均 (m²/人)	比重 (%)	面积 (hm²)	人均 (m²/人)	比重 (%)
居住用地(R) 住宅用地(R01)						
公建用地(R02)						
道路用地(R03)						
公共绿地(R04)						
其他用地						

居住区用地平衡控制指标　　　　　　　　表5-10-3

用地构成	居住区	小区	组团
住宅用地(R01)	45~60	55~65	60~75
公建用地(R02)	20~32	18~27	6~18
道路用地(R03)	8~15	7~13	5~12
公共绿地(R04)	7.5~15	5~12	3~8
居住区用地(R)	100	100	100

注：R为居住用地代码；居住区其他用地不参与用地平衡。

(2) 各项用地界线划分的技术规定

根据国家标准《城市居住区规划设计规范》GB 50180—93（2002年版）的规定：

1) 规划总用地范围的确定

①当规划总用地周界为城市道路、居住区（级）道路、小区路或自然分界线时，用地范围划至道路中线或自然分界线；

②当规划总用地与其他用地相邻，用地范围划至双方用地交界处。

2) 住宅用地范围的确定

住宅用地指住宅建筑基地及四周合理间距内的用地（含宅间绿地和宅间小路）的总称。合理间距是指住宅前后左右必不可少的用地，以满足日照要求为基础，综合考虑采光、通风、消防、管线埋设、视觉卫生等要求确定。

①前后的界线一般以日照间距为基础，各按日照间距的1/2划定计算；左右的界线一般以消防要求为条件（多层板式住宅不宜小于6m；高层与各种层数之间不宜小于13m；有侧窗的住宅考虑视觉因素，适当加大间距）。

②住宅与公共绿地相邻，没有道路或其他明确界线时，通常在住宅的长边以住宅的1/2高度计算，住宅的两侧一般按3~6m计算。

③与公共服务设施相邻的，以公共服务设施的用地边界为界；如公共服务设施无明确界限时，则按住宅的要求进行计算。

3) 公共服务设施用地范围的确定

公共服务设施一般按其所属用地范围的实际界限来划定。

①当其有明确界限时（如围墙等），按其界限计算；

②当无明显界限时，应按建筑物基底占用土地及建筑周围实际所需利用的土地划定界限，包括建筑后退道路红线的用地。

③住宅底层为公共服务设施或住宅建筑综合楼用地面积的确定：按住宅和公建占该幢建筑总建筑面积的比例分摊用地面积，均应计入公建用地；基层公建突出于上部建筑，或占有专用场院，或因公建需要后退红线的用地，均应计入公建用地。

④底层架空建筑用地面积的确定：应按底层及上部建筑的使用性质及其各该幢建筑总建筑面积的比例分摊用地面积，并分别计入有关用地内。

4）道路用地范围的确定

①按居住区人口规模相对应的同级道路及其以下各级道路计算用地面积，外围道路不计入；

②居住区（级）道路，按红线宽度计算；

③小区路、组团路，按路面宽度计算。当小区路设有人行道便道时，人行便道计入道路用地面积；

④居民汽车停放场地，按实际占地面积计算；

⑤宅间小路不计入道路用地面积；

⑥公共服务设施和市政服务设施用地内的专用道路不计入道路用地。

5）公共绿地范围的确定

公共绿地指规划中确定的居住区公园、小游园、组团绿地，不包括住宅日照间距之内的绿地、公共服务设施所属绿地和非居住区范围内的绿地。

①院落式组团绿地、开敞式院落组团绿地的用地界限的划定参照图5-10-1、图5-10-2。

②其他集中的块状、带状公园绿地面积计算的起止界同院落式组团绿地。沿居住区（级）道路、城市道路的公共绿地算到红线。

6）其他用地面积的确定

其他用地面积主要包括外围的道路、非为规划区居住人口配建的公共服务设施用地，以及其他居住区总用地范围内，但不属于上述五类用地的用地。

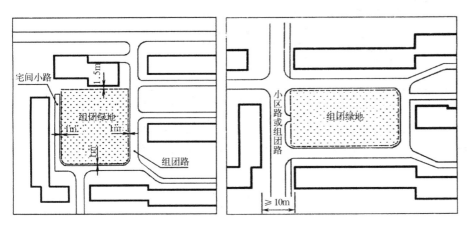

图5-10-1　院落式公用绿地范围示意图（左）

图5-10-2　开敞式公用绿地范围示意图（右）

其计算依据为：

①规划用地的外围道路至外围道路的中心线；

②规划用地范围内的其他用地，按实际占用面积计算。

(3) 用地平衡表的计算技巧

用地平衡表的计算，一般的思维方式是从上到下逐个计算，实际上这是一种费事费力的做法。因为居住区用地、公建用地、道路用地、公共绿地的用地范围相对明确，计算简单；而住宅用地地块较多，形状各异，计算复杂，所以实际的操作过程一般采用如下做法：

①逐一计算居住区用地、公建用地、道路用地、公共绿地的面积（hm²）、比重（%）及人均指标（m²/人）；

②住宅用地 = 居住区用地 －（公建用地 + 道路用地 + 公共绿地）。

5.10.2 主要技术经济指标

居住区经济指标一般可以划分为规模指标、居住密度指标、环境质量指标和其他指标等，详见表5－10－4。

居住区主要技术经济指标　　　　　　　　　　　表5－10－4

指标 分类	第一级 指标	第二级 指标	计算 方式	指标配置 要求及注释
规模 指标	居住区人 口规模		户数×户均人口 （户均可按2.8计）	居住区人口规模与建筑用地之间存在 一定的关系，见表5－10－5
	建筑面积 指标	住宅建筑面积		按平均每人居住面积进行计算
		公服设施的建 筑面积		其项目的设置及面积的确定应以表 5－4－4、表5－4－5规定的千人总指标 和分类指标控制
居住 密度 指标	人口密度	人口毛密度	规划总人口/居住用 地面积（人/hm²）	适宜的居住人口密度宜控制在 300~800人/hm²
		人口净密度	规划总人口/住宅用 地面积（人/hm²）	
	住宅建筑 套密度	住宅建筑面积 套密度（毛）	住宅建筑套数/居住 区用地面积（套/ hm²）	它在居住区规划设计阶段较人口密度 和人均住宅建筑面积能更真实地反应 建成后居住区在人口容量方面对居住 环境质量的影响
		住宅建筑套密 度（净）	住宅建筑套数/住 宅用地面积（套/ hm²）	
	建筑密度	建筑密度	各类建筑的基地总 面积/居住区用地 面积（%）	建筑密度表现和控制着居住区的空地 率（空地率=1-建筑密度）。它即与 容积率（总建筑面积）有关，也与绿 地率和其他户外设施（如道路、车 位、活动场地、公共绿地等）相关， 因此也影响到居住区的户外环境质量 和其他设施的安排

指标分类	第一级指标	第二级指标	计算方式	指标配置要求及注释
居住密度指标	建筑密度	住宅建筑净密度	住宅基地面积/住宅用地面积（%）	决定住宅建筑净密度的主要原因是住宅建筑的层数和日照间距。为使居住区有合理的空间，确保住宅生活环境质量，对不同地区、不同层数的住宅建筑净密度最大值作了控制（表5-10-6）
	建筑面积密度	容积率	总建筑面积（万m²）/居住区用地面积（hm²）	容积率体现和控制着居住区建筑总体的建设总量。它与总建筑面积具有对应关系。容积率的大小根据居住区所处的区位（地界因素）、居住区（地价、入住对象等因素）等因素的不同而不同，区位好、层数高或标准低的居住区一般容积率比较高
		住宅建筑面积毛密度	住宅建筑面积/居住区用地面积（万m²/hm²）	
		住宅建筑净密度	住宅建筑面积/住宅用地面积（万m²/hm²）	住宅面积净密度是反映居住区环境质量（住宅建筑和居住人口）的重要指标。决定居住面积净密度的主要原因是住宅层数、居住面积标准和日照间距。为提高密度获取最大可能地提高经济效益同时，而保障环境质量，规范规定了住宅面积净密度最大值的控制指标（表5-10-7）
环境质量	居住区空地率		1-建筑（毛）密度	
	绿地率		总绿地率/居住用地面积（%）	绿地率在新区建设中不应低于30%，旧区改造时不宜低于25%
	人均绿地面积	人均绿地面积	总绿地面积/规划总人口（m²/人）	
		人均公共绿地面积	公共绿地面积/规划总人口（m²/人）	
	停车率	停车率	居民汽车停车位数量/居住户数（%）	居住区停车率不应小于10%（普通标准居住区一般为30%~50%）；公共服务设施根据其性质和规模的不同，应该配建相应数量的公共停车位，表5-5-7的控制标准指为最小的配建数值
		地面停车场	居民汽车地面停车位数量/居住户数（%）	地面停车率不应超过10%
其他	拆迁比		拆除的原有总建筑面积/新建的建筑总面积	

人均居住用地控制指标（m²/人）　　　　　　　　　表5-10-5

居住规模	层数	大城市	中等城市	小城市
居住区	多层	16~21	16~22	16~25
	多层、中高层	14~18	15~20	15~20
	多、中高、高层	12.5~17	13~17	13~17
	多层、高层	12.5~16	13~16	13~16
小区	低层	20~25	20~25	20~30
	多层	15~19	15~20	15~22
	多层、中高层	14~18	14~20	14~20
	中高层	13~14	13~15	13~15
	多层、高层	11~14	12.5~15	—
	高层	10~12	10~13	—
组团	低层	18~20	20~23	20~25
	多层	14~15	14~16	14~20
	多层、中高层	12.5~15	12.5~15	12.5~15
	中高层	12.5~14	12.5~14	12.5~15
	多层、高层	10~13	10~13	—
	高层	7~10	8~10	—

住宅建筑净密度控制指标（%）　　　　　　　　　表5-10-6

住宅层数	建筑气候区划		
	Ⅰ、Ⅱ、Ⅵ	Ⅶ、Ⅲ	Ⅴ、Ⅳ
低层	35	40	43
多层	28	30	32
中高层	25	28	30
高层	20	20	22

注：混合层取两者的指标值作为控制指标的上、下限值。

住宅建筑面积净密度控制指标（%）　　　　　　　　表5-10-7

住宅层数	建筑气候区划		
	Ⅰ、Ⅱ、Ⅵ	Ⅶ、Ⅲ	Ⅴ、Ⅳ
低层	1.10	1.20	1.30
多层	1.70	1.80	1.90
中高层	2.00	2.20	2.40
高层	3.50	3.50	3.50

注：1.混合层取两者的指标值作为控制指标的上、下限值；2.本表不计入地下层面积。

参考文献

模块 1　控制性详细规划

[1]　同济大学, 天津大学, 重庆大学, 华南理工大学, 华中科技大学. 控制性详细规划 [M]. 北京：中国建筑工业出版社, 2011.

[2]　夏南凯. 控制性详细规划 [M]. 上海：同济大学出版社, 2005.

[3]　徐循初. 城市道路与交通规划 [M]. 北京：中国建筑工业出版社, 2007

[4]　吴志强, 李德华. 城市规划原理（4 版）[M]. 北京：中国建筑工业出版社, 2010.

[5]　国家法制办. 中华人民共和国城乡规划法 [M]. 北京：中国建筑工业出版社, 2007.

[6]　中国法制出版社组织编写. 城市规划编制办法、城市黄线管理办法、城市蓝线管理办法. 北京：中国法制出版社, 2006.

[7]　光明日报出版社组织编写. 城市、镇控制性详细规划编制审批办法 [M]. 北京：光明日报出版社, 2010.

[8]　中国城市规划设计研究院. GB 50137—2011 城市用地分类与规划建设用地标准 [S]. 北京：中国建筑工业出版社, 2011.

[9]　城市规划强制性内容暂行规定. 建设部建规 [2002]218 号

[10]　全国城市规划执业制度管理委员会. 城市规划相关知识 [M]. 北京：中国建筑工业出版社, 2011.

[11]　王鹏. 城乡统筹下的控制性详细规划适应性研究 [D]. 西安建筑科技大学, 2012.

[12]　刘雷. 控制与引导——控制性详细规划层面的城市设计研究 [D]. 西安建筑科技大学, 2004.

[13]　中华人民共和国国家标准. 城市绿线管理办法. 中华人民共和国建设部令第 112 号

[14]　中华人民共和国国家标准. 城市紫线管理办法. 中华人民共和国建设部令第 119 号

[15]　天津市城市规划设计研究院. GB 50442—2008 城市公共设施规划规范 [S]. 北京：中国建筑工业出版社, 2008.

[16]　中华人民共和国建设部. GB 50289—1998 城市工程管线综合规划规范 [S]. 北京：中国建筑工业出版社, 1998.

[17]　四川省城乡规划设计研究院. GJJ 83—1999 城市用地竖向规划规范 [S]. 北京：中国建筑工业出版社, 1999.

[18]　济南市规划局. 济南市控制性规划编制居住区公共服务设施配置指引, 2007.

[19]　济南市规划局. 济南市城乡规划条例, 2008.

[20]　枣庄市峄城区阴平镇区控制性详细规划, 2015.

模块 2　修建性详细规划

[1]　胡纹．居住区规划原理与设计方法 [M]．北京：中国建筑工业出版社，2009．

[2]　陈有川，张军民．城市居住区规划设计规范图解 [M]．北京：机械工业出版社，2010．

[3]　吴志强，李德华．城市规划原理（4 版）[M]．北京：中国建筑工业出版社，2010．

[4]　朱家谨．居住区规划设计 [M]．北京：中国建筑工业出版社，2001

[5]　周俭．城市住宅区规划原理 [M]．上海：同济大学出版社，1995

[6]　戴慎志．城市工程系统规划 [M]．北京：中国建筑工业出版社，2008

[7]　中国法制出版社组织编写．城市规划编制办法、城市黄线管理办法、城市蓝线管理办法．北京：中国法制出版社，2006．

[8]　建设部住宅产业化促进中心．居住区环境景观设计导则 [M]．北京：中国建筑工业出版社，2006．

[9]　中华人民共和国建设部．GB 50180—93 城市居住区规划设计规范 [S]．北京：中国建筑工业出版社，2002．

[10]　中华人民共和国公安部．GB 50016—2014 建筑设计防火规范 [S]．北京：中国建筑工业出版社，2002．

[11]　中华人民共和国住房和城乡建设部．CJJ 37—2012 城市道路工程设计规范 [S]．北京：中国建筑工业出版社，2012．

[12]　中华人民共和国建设部．GB 50220—1995 城市交通规划设计规范 [S]．北京：中国建筑工业出版社，1995．

[13]　中华人民共和国住房和城乡建设部．建标 128–2010 城市公共停车场工程项目建设标准 [S]．北京：中国计划出版社，2010．

[14]　浙江省城乡规划设计研究院．GB 50282—1998 城市给水工程规划规范 [S]．北京：中国建筑工业出版社，1998．

[15]　陕西省城乡规划设计研究院．GB 50318—2000 城市排水工程规划规范 [S]．北京：中国建筑工业出版社，2000．

[16]　中国城市规划设计研究院．GB/T 50293—2014 城市电力规划规范 [S]．北京：中国建筑工业出版社，2015．

[17]　中华人民共和国建设部．GB 50289—1998 城市工程管线综合规划规范 [S]．北京：中国建筑工业出版社，1998．

[18]　四川省城乡规划设计研究院．GJJ 83—1999 城市用地竖向规划规范 [S]．北京：中国建筑工业出版社，1999．

[19]　济南市居住区修建性详细规划审批成果管理技术规定，2007

[20]　百度文库：http://wenku.baidu.com/view/dac2e0ef551810a6f52486d7.html

[21]　土木论坛：http://bbs.co188.com/thread-8612185-1-1.html